"无人机检测与维护"
1+X职业技能等级证书配套教材

# 无人机检测与维护

## 中级

北京优云智翔航空科技有限公司 组织编写

梁 峰 主编

化学工业出版社

·北京·

## 内 容 简 介

本书根据教育部公布的《无人机检测与维护职业技能等级标准》中对中级部分的要求编撰而成,是以相关知识点系统学习为前提基础,着重于无人机检测与维护的职业技能培训、考核和评价。

本书按照项目任务式的思路编写,以素质培养目标引领项目,通过具体任务细化项目。本书内容主要涉及无人机机体的拆装、动力装置的维护维修、电子设备的维护维修和民用无人机任务载荷的使用四个方面。本书配套相关讲解视频,扫描二维码即可查看。

本书是"无人机检测与维护"1+X职业技能等级证书配套教材,可作为高等职业院校的无人机相关专业的教学用书,也可作为从事无人机检测与维护的相关技术人员的参考用书。

---

**图书在版编目(CIP)数据**

无人机检测与维护:中级/北京优云智翔航空科技有限公司组织编写;梁峰主编. —北京:化学工业出版社,2022.4(2024.12重印)

"无人机检测与维护"1+X职业技能等级证书配套教材

ISBN 978-7-122-40826-6

Ⅰ.①无… Ⅱ.①北…②梁… Ⅲ.①无人驾驶飞机-检测-职业技能-鉴定-教材②无人驾驶飞机-维修-职业技能-鉴定-教材 Ⅳ.①V279

中国版本图书馆CIP数据核字(2022)第027323号

---

责任编辑:葛瑞祎　　　　　　　　　　　装帧设计:刘丽华
责任校对:杜杏然

---

出版发行:化学工业出版社(北京市东城区青年湖南街13号　邮政编码100011)
印　　装:涿州市般润文化传播有限公司
787mm×1092mm　1/16　印张9　字数216千字　2024年12月北京第1版第2次印刷

购书咨询:010-64518888　　　　　　　　售后服务:010-64518899
网　　址:http://www.cip.com.cn

凡购买本书,如有缺损质量问题,本社销售中心负责调换。

---

定　　价:58.00元　　　　　　　　　　　　　　　　　版权所有　违者必究

# "无人机检测与维护"1＋X 职业技能等级证书配套教材编审委员会

| | | | | |
|---|---|---|---|---|
| **主　任** | 梁　峰 | 柯玉宝 | 王英勋 | 代红兵 |
| **副主任** | 段志勇 | 兰玉彬 | 孙　毅 | 陈　铭 |
| | 张会军 | 董利民 | 柯　隆 | |
| **委　员** | 梁　峰 | 柯玉宝 | 王英勋 | 代红兵 |
| | 段志勇 | 兰玉彬 | 孙　毅 | 陈　铭 |
| | 张会军 | 马晓光 | 董利民 | 柯　隆 |
| | 王夏峥 | 郝　琦 | 孟雅妮 | 何　宁 |
| | 张　力 | 陈咚冬 | 梁文广 | 孙芳芳 |
| | 郭知疑 | 王汉清 | 孙　烨 | 林子超 |

# 前言

无人机行业的快速发展，催生出了多种无人机的应用场合，同时，市场上对无人机技能人才需求广泛，尤其是无人机检测与维护方面的人才紧缺。北京优云智翔航空科技有限公司（以下简称：优云智翔）根据教育部1+X职业技能等级标准的要求，利用自身行业的优势，积极开展无人机检测与维护方面标准的制定和实施，为开设无人机相关专业的中职、高职、应用型本科院校与无人机相关企业之间搭建沟通与就业的桥梁。

本书依据教育部批准的《无人机检测与维护职业技能等级标准》中对中级部分的要求编撰而成。相对于初级标准，中级要求：能使用专业电子电气工具对无人机机载电子设备进行拆装和维护维修，以及飞行/载荷控制线路施工，完成静电防护和无人机各部件的介电性能检查，对各类插头的拆装、清洁、保护和防松的作业以及对动力系统的维护维修。学员通过中级标准技能的学习，可以掌握全机型无人机的维护、保养以及多种任务载荷的使用。

本书按照项目任务式的思路编写，以素质培养目标引领项目，通过具体任务细化项目。本书内容主要包括以下四个方面：无人机机体的拆装，动力装置的维护维修，电子设备的维护维修和民用无人机任务载荷的使用。无人机机体的拆装侧重于对固定翼和直升机两种机型的认知、拆装和维护；动力装置的维护维修主要是讲述发动机、电机和动力能源的维修和保养；电子设备的维护维修通过电子工具的使用，使学生掌握无人机电子设备的维修和保养技能；民用无人机任务载荷的使用主要是让学生掌握影像载荷和农药载荷的使用及保养。本书在初级基础上，进一步拓展了无人机检测与维护技能，并在掌握知识和技能的基础上，培养学生的职业精神和工匠精神，坚定学生的科技自信，激发学生的社会责任感。另外，本书配套讲解视频，扫描相应二维码即可查看。

本书由北京优云智翔航空科技有限公司组织编写，由山东电子职业技术学院梁峰担任主编。参与编写的还有柯玉宝、段志勇等人。在编写过程中，优云智翔与国内众多专家学者和业内资深人士进行了深入交流和讨论，并有针对性地采纳和吸取了他们的观点和建议。在此特别感谢中国航空器拥有者及驾驶员协会（中国AOPA）、东北大学佛山研究院、莱芜职业技术学院、云南体育运动职业技术学院、北方天途航空技术发展（北京）有限公司、昆明得一航空科技有限公司等的大力支持。

限于编者水平有限，书中不妥之处在所难免，恳请读者批评指正。

编者

2022年1月

# 目录

## 项目1　无人机机体的拆装　/ 001

**项目描述** ………………………………………………………………………… 001

**任务1.1　固定翼无人机的拆装** ……………………………………………… 003
　【知识准备】 …………………………………………………………………… 003
　　1.1.1　固定翼无人机的结构与飞行原理 ……………………………………… 003
　　1.1.2　固定翼无人机的气动特点 ……………………………………………… 010
　　1.1.3　伺服执行机构 …………………………………………………………… 012
　　1.1.4　固定翼无人机的组装注意事项 ………………………………………… 015
　　1.1.5　固定翼无人机重心与舵面的调整 ……………………………………… 019
　【任务实施】 …………………………………………………………………… 021
　　1.1.6　固定翼无人机动力装置的拆装 ………………………………………… 021
　　1.1.7　固定翼无人机起落架的拆装 …………………………………………… 023
　　1.1.8　机翼与翼面舵机的拆装 ………………………………………………… 024
　　1.1.9　固定翼无人机飞控、接收机和数传的拆装 …………………………… 026
　【任务测评】 …………………………………………………………………… 027

**任务1.2　无人直升机的拆装** ………………………………………………… 028
　【知识准备】 …………………………………………………………………… 028
　　1.2.1　无人直升机与旋翼无人机的关系 ……………………………………… 028
　　1.2.2　无人直升机的基本结构及工作原理 …………………………………… 028
　　1.2.3　无人直升机的空气动力特点 …………………………………………… 033
　　1.2.4　无人直升机组装的注意事项 …………………………………………… 034
　【任务实施】 …………………………………………………………………… 036
　　1.2.5　无人直升机动力装置的拆装 …………………………………………… 036
　　1.2.6　主旋翼与自动倾斜器的拆装 …………………………………………… 038
　　1.2.7　尾桨与舵机的拆装 ……………………………………………………… 040
　　1.2.8　飞控、接收机与数传电台的安装 ……………………………………… 042
　【任务测评】 …………………………………………………………………… 044

## 项目2　动力装置的维护维修　/ 045

**项目描述** ………………………………………………………………………… 045

**任务2.1　活塞发动机的维护维修** …………………………………………… 047
　【知识准备】 …………………………………………………………………… 047
　　2.1.1　活塞式发动机的基础知识 ……………………………………………… 047
　　2.1.2　火花塞 …………………………………………………………………… 049

2.1.3 化油器 049
　　2.1.4 油针 050
　　2.1.5 润滑系统 051
　【任务实施】 051
　　2.1.6 火花塞的更换 051
　　2.1.7 化油器的拆装 053
　　2.1.8 化油器的清洗 054
　　2.1.9 轴润滑的操作 056
　【任务测评】 057

**任务2.2 电机的更换和保养** 058
　【知识准备】 058
　　2.2.1 电机更换和保养的意义 058
　　2.2.2 电机更换和保养的具体方法 058
　【任务实施】 058
　　2.2.3 电机的换向操作 058
　　2.2.4 电机的轴润滑操作 059
　　2.2.5 电机的更换 061
　【任务测评】 063

**任务2.3 动力能源的维护** 064
　【知识准备】 064
　　2.3.1 汽油与润滑油的基础知识 064
　　2.3.2 燃油系统 065
　　2.3.3 动力电池电压的测量方法 066
　　2.3.4 动力电池的充放电方法 066
　【任务实施】 067
　　2.3.5 汽油与润滑油的调配 067
　　2.3.6 燃油的加注 070
　　2.3.7 使用测电器进行电压的测量 071
　　2.3.8 使用充电器进行电压的测量 072
　　2.3.9 电池的串联 073
　　2.3.10 电池的并联 075
　　2.3.11 动力电池的存放 076
　【任务测评】 079

# 项目3　电子设备的维护维修 / 080

**项目描述** 080

**任务3.1 电子电气相关仪表的使用** 082
　【知识准备】 082

    3.1.1 万用表 ································································································· 082
    3.1.2 PWM信号发生器 ··················································································· 083
    3.1.3 单通道数字电源 ····················································································· 084
  【任务实施】 ······································································································ 085
    3.1.4 电压的测量 ··························································································· 085
    3.1.5 电流的测量 ··························································································· 087
    3.1.6 电阻的测量 ··························································································· 088
    3.1.7 单通道数字电源的操作 ············································································ 089
    3.1.8 无人机接收机信号的测量 ········································································· 091
  【任务测评】 ······································································································ 092

任务3.2 电路的防护 ································································································ 093
  【知识准备】 ······································································································ 093
    3.2.1 接收机与数传电台的共地焊接 ··································································· 093
    3.2.2 电池与电调的防打火连接 ········································································· 093
    3.2.3 火花塞电缆的屏蔽方法 ············································································ 094
    3.2.4 电路板的检测 ························································································ 095
  【任务实施】 ······································································································ 096
    3.2.5 共地焊接操作 ························································································ 096
    3.2.6 防打火连接操作 ····················································································· 097
    3.2.7 火花塞电缆的屏蔽 ·················································································· 098
    3.2.8 电路板通断的操作 ·················································································· 100
  【任务测评】 ······································································································ 101

任务3.3 电子设备识别与拆装 ····················································································· 102
  【知识准备】 ······································································································ 102
    3.3.1 常用传感器 ··························································································· 102
    3.3.2 电烙铁 ································································································· 105
    3.3.3 热风枪 ································································································· 107
  【任务实施】 ······································································································ 108
    3.3.4 机体电子设备布线的识别 ········································································· 108
    3.3.5 热风枪的使用 ························································································ 111
    3.3.6 电烙铁的使用 ························································································ 112
  【任务测评】 ······································································································ 113

任务3.4 插头的拆装 ································································································ 114
  【知识准备】 ······································································································ 114
    3.4.1 常用插头 ······························································································ 114
  【任务实施】 ······································································································ 116
    3.4.2 XT90插头的焊接 ··················································································· 116
    3.4.3 杜邦插头的更换 ····················································································· 118

【任务测评】 ································································································· 119

# 项目 4　民用无人机任务载荷的使用 / 120

**项目描述** ················································································································ 120
**任务 4.1　影像载荷的使用** ···················································································· 122
　　【知识准备】 ································································································· 122
　　　4.1.1　影像载荷 ························································································ 122
　　【任务实施】 ································································································· 126
　　　4.1.2　多旋翼无人机云台减振支架的安装 ················································ 126
　　【任务测评】 ································································································· 127
**任务 4.2　农药载荷的使用** ···················································································· 128
　　【知识准备】 ································································································· 128
　　　4.2.1　农药载荷 ························································································ 128
　　【任务实施】 ································································································· 130
　　　4.2.2　植保无人机喷洒系统管路的连接 ···················································· 130
　　　4.2.3　植保无人机喷洒滤网的清理 ··························································· 131
　　　4.2.4　植保无人机气阻问题的解决 ··························································· 133
　　【任务测评】 ································································································· 133

# 参考文献 / 135

# 项目 1
# 无人机机体的拆装

 **项目描述**

▶ **项目引入**

　　固定翼无人机与无人直升机是无人机类别中两种重要的机型，以自身的特点应用于不同的行业。固定翼无人机与无人直升机相对于多旋翼无人机，在结构、安装和调试等方面略有不同，希望通过本项目的学习，学生可系统掌握固定翼无人机和无人直升机的结构、组成和维护保养等方面的知识和技能。

▶ **知识、技能分解思维导图**

### ▶ 素质培养——职业精神

固定翼无人机与无人直升机的学习难度要比多旋翼无人机高些。在我们人生中,只有不断挑战新的高度,才能让自己的人生更丰富多彩。《钢铁是怎样炼成的》一书描述过,人的一生应当这样度过:当他回忆往事的时候,不会因为虚度年华而悔恨,也不会因为碌碌无为而羞愧。面对新知识、新技术,应培养学生探索未知、勇攀高峰的责任感和使命感。

### ▶ 任务提出

固定翼无人机与无人直升机相较于多旋翼无人机而言,虽然使用场景方面少些,但是在某些应用场合,是多旋翼无人机目前无法取代的,比如固定翼无人机高空测绘的优势,无人直升机载重量大的特点等。因此,掌握这两种机型的结构和拆装对于更好地理解无人机是十分必要的。

*知识与技能要点记录*

## 任务 1.1　固定翼无人机的拆装

###  知识准备

#### 1.1.1　固定翼无人机的结构与飞行原理

常规的固定翼无人机由机身、机翼、水平尾翼、垂直尾翼、起落装置和动力装置等部分组成,如图 1-1 所示。

图 1-1　固定翼无人机基本结构

1—机翼；2—起落架；3—动力装置；4—垂直尾翼；5—水平尾翼；6—机身

**(1) 机身**

机身的主要功能是装载燃料或动力电池以及相关电子设备。机身作为承载机构,相关的

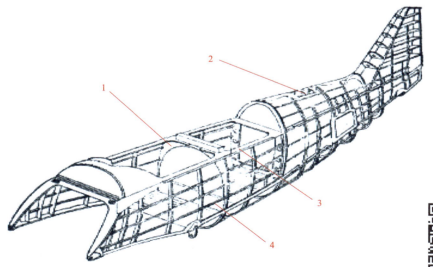

图 1-2　机身的结构

1—隔框；2—蒙皮；3—桁梁；4—桁条

固定翼无人机
机身的安装

机翼、垂直尾翼、水平尾翼，以及起落架等部分结构都需要安装到机身上。

普通的固定翼无人机的机身主要采用 EPO、EPP 和 EPS 等材质直接压铸成型；高端的固定翼无人机材质大多以轻木作为骨架，外部采用蒙皮的形式，主要由外部蒙皮、隔框、纵向桁条、桁梁（即大梁）等组成，如图 1-2 所示。

### (2) 机翼

机翼的主要功能是提供升力。通常固定翼无人机的机翼一般都会安装有副翼，有的还会安装襟翼。如图 1-3 所示，副翼的安装位置一般在机翼的后缘靠翼尖一侧，而襟翼的安装位置大多在机翼后缘靠近机身较内一侧。

图 1-3　副翼与襟翼

靠近翼尖一侧的为副翼，其主要作用是控制固定翼无人机做滚转运动，如图 1-4 所示。靠近机身一侧的为襟翼，当襟翼放下时可以为机翼提供更大的升力，通常在起飞与降落阶段放下襟翼，这样可以减少无人机的起飞与降落时的滑跑距离。

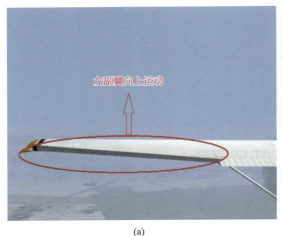 

(a)　　　　　　　　　　　　　　　　　(b)

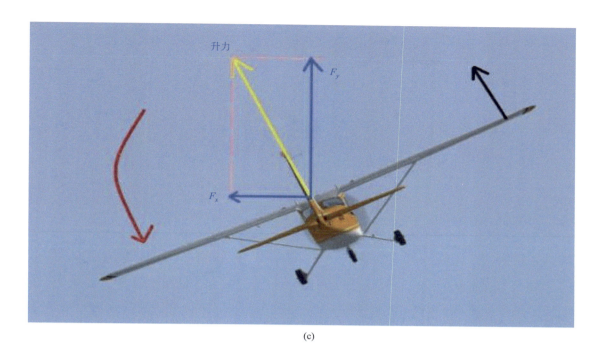

(c)

图 1-4　副翼产生滚转运动示意图

常见机翼基本由翼梁、纵墙、桁条、翼肋、蒙皮等组成，如图 1-5 所示。

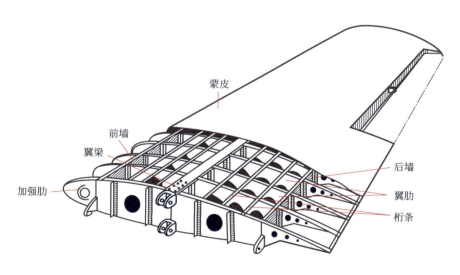

图 1-5　机翼的结构

### (3) 水平尾翼

水平尾翼如同一个缩小版本的机翼，如图 1-6 所示，水平尾翼与机翼的最大的不同点就在于水平尾翼产生的气动力并不是用来克服飞机的重力，而是用来平衡机体的力矩。

通常情况下固定翼无人机的重心会在机翼气动中心（升力中心）的前方，并围绕着重

图 1-6　水平尾翼

心。机翼升力始终都会产生一个逆时针方向的力矩,这个力矩不断地作用于机体,这时需要一个额外的力矩来加以阻挠,这样飞机就不会始终低头向下飞行,因此调整好水平尾翼的安装角度或相对机翼的位置就可以使得力矩平衡,如图 1-7 所示。

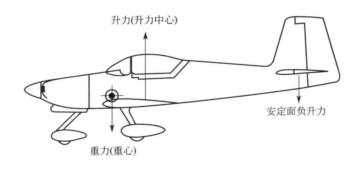

图 1-7　力矩平衡示意图

水平尾翼还可以为飞行器提供另一个关键的稳定性能——纵向稳定性,如图 1-8 所示。

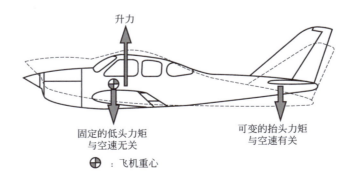

图 1-8　水平尾翼提供的纵向稳定性示意图

升降舵面位于水平尾翼的后缘处，如图1-9所示。升降舵的主要作用是使得机体产生俯仰运动。由于升降舵上偏，使气流对升降舵产生了垂直翼面向下的力，这个力产生了向下的力矩，使机尾沿 $Y$ 轴向下转动，同时也使机头向上转动。由于迎角增大，升力增大，所以在一定范围内，飞机会抬头爬升，如图1-10所示。

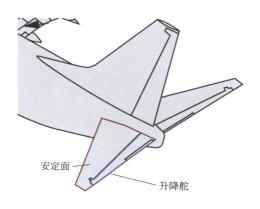

图1-9 升降舵示意图

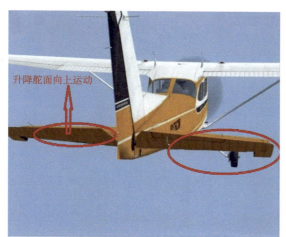 

图1-10 升降舵的作用

### (4) 垂直尾翼

垂直尾翼同样也提供了一种类似的飞行稳定性，这就是航向稳定性（图1-11）。

当飞机平飞时如果突然受到侧向扰动，会导致航向发生偏转，并偏离了原先的飞行方向。此时，由于垂直尾翼相对于气流的迎角突然加大，从而产生了较大的气动力，这一气动力的方向恰好就是侧向扰动的方向。这时，相对于重心，垂直尾翼就产生了一个相反方向的恢复力矩，使得飞机机头反向运动，并恢复到原来的航向上。这种恢复能力就称之为"航向稳定性"，与纵向稳定性一样，恢复的时间越短，航向稳定性越好，反之则越差。

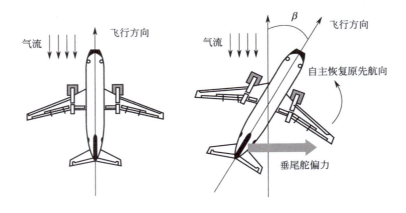

图 1-11　垂直尾翼提供航向稳定性示意图

方向舵是设计在垂直尾翼上的操作舵面。通过改变垂直尾翼舵面的左右偏转来控制飞行器的航向变化,如图 1-12 所示。

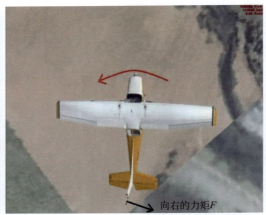

图 1-12　航向运动

当方向舵面左偏时,舵面受到空气施加的向右后方的压力。此压力产生力矩,使机尾绕 Z 轴向右旋转,同时机头也向左旋转,由于速度方向未改变,所以飞机会发生偏航。这个动作在风中校正航向和转弯时在消除不正常偏航时使用,需注意的是,该动作不是飞机转弯的主要原因。

(5) 起落装置

起落装置的主要功能是支撑无人机在地面上的活动。这些活动包括起飞和着陆滑跑、滑行、停放。无人机的起落装置一般由支柱、减震器、机轮和收放机构等组成,如图 1-13 所示。

① 支柱　主要起支撑作用并作为机轮的安装基础。为了减轻重量,也常将减振器与机轮合为一体成为减振支柱。

② 减振器　主要作用是吸收着陆和滑跑冲击能量。无人机在着陆瞬间或在不平的跑道上高速滑跑时，与地面发生剧烈的撞击，除充气轮胎可起小部分缓冲作用外，大部分撞击能量要靠减振器吸收。

③ 机轮　与地面接触来支持无人机的重量，并减少地面运动的阻力，可以吸收一部分撞击动能，有一定的减振作用。机轮上装有刹车装置，使无人机在地面上具有良好的机动性。

④ 收放机构　用于收放起落装置并固定支柱，飞行时可减少阻力。

(6) 动力装置

动力装置的主要功能是产生拉力或推力，使无人机产生相对空气的运动。目前固定翼无人机的动力装置主要采用两种形式：电动机和活塞式发动机。对于较大的固定翼无人

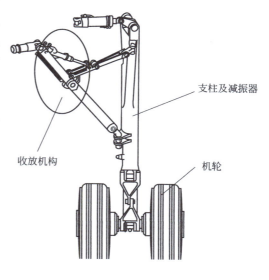

图 1-13　起落装置

机而言，采用活塞式发动机的动力形式较多；而对于小型的民用无人机来说，由于活塞式发动机的维护性和实用性相对于电动机而言更加复杂，因此多采用电动机作为主要动力方式。

① 活塞发动机式动力装置　活塞式发动机也叫往复式发动机，主要由气缸活塞、连杆、曲轴、气门机构、螺旋桨减速器和机匣等组成。活塞式发动机属于内燃机，它通过燃料在气缸内的燃烧，将热能转变为机械能。图 1-14 所示为民用无人机广泛使用的一种活塞式发动机。

图 1-14　活塞式发动机

② 电动式动力装置　电动式动力装置主要包含：电动机、电子调速器和动力电池。电动机主要是将电能转换为动能，电子调速器用来调节电动机的转速，而动力电池主要为电动机的运转提供动能。电动式动力装置连接图如图 1-15 所示。

图 1-15　电动式动力装置连接图

电动机是一些小型和微型无人机最常用的动力装置，特别是多旋翼无人机。电动机的主要优点有：同等功率输出条件下电动机的体积和重量都比活塞式发动机小很多；电动机的构造比较简单，附件较少，维修保养方面较简单；电动机所配置的电池供电方式相对活塞式发动机较简单。正是因为这些优异的特性，电动机逐渐在小微型无人机领域得到普及。

### 1.1.2　固定翼无人机的气动特点

**(1) 翼型**

翼型是指机翼横截面的轮廓，也称翼剖面，是沿平行于无人机对称平面的切平面切割机翼所得到的剖面，如图 1-16 所示。

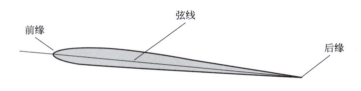

图 1-16　翼型剖面图

不同的翼型对无人机性能有不同的影响，选用最能满足结构、强度方面等要求的翼型非常重要。翼型各部分的名称如图 1-17 所示。一般翼型的前端圆钝，后端尖锐，下表面较平，呈鱼侧形，前端点叫作前缘，后端点叫作后缘，两端点之间的连线叫作翼弦。

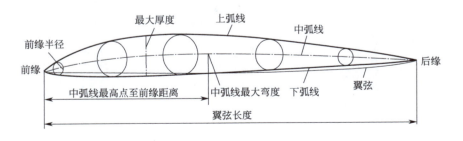

图 1-17　翼型各部分的名称

**(2) 机翼上的力**

① 升力的产生　翼弦与相对气流速度之间的夹角叫迎角，如图 1-18 所示。迎角不同，相对气流流过机翼时的情况就不同，产生的空气动力就不同，所以迎角是无人机飞行中产生

空气动力的重要参数。迎角有正负之分，相对气流方向与翼弦平面下表面的夹角为正迎角，相对气流方向与翼弦的平面上表面的夹角为负迎角。

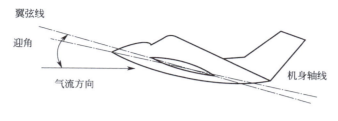

图 1-18　迎角

假设翼型有一个小的迎角，当气流流过翼型的前缘时，气流被分为两股，分别从机翼上表面与机翼下表面流过，由于翼型的作用，当气流流过上机翼表面时流动通道变窄，气流速度增大；而当气流流过下机翼表面时由于翼型前段上仰，气流受到阻拦，且流动通道扩大，气流速度减小。根据连续性定理和伯努利定理可知，在翼型的上表面，因流管变细，即流管截面积减小，气流速度变大，故压强减小；而在翼型的下表面因流管变化不大，故压强基本不变。这样在翼型的上下表面产生了压强差，形成了升力。

② 升力大小的描述　升力公式是分析飞行问题和进行飞行性能计算最重要、最基本的公式。经过理论和实验证明，可得出升力公式如下

$$L = \frac{1}{2}\rho v^2 CS$$

式中：$L$ 为总升力，N；$C$ 为升力系数；$\rho$ 为空气密度，kg/m³；$v$ 为相对气流速度，m/s；$S$ 为机翼面积，m²。

由升力公式可知，升力的大小与机翼面积、相对气流速度、空气密度及升力系数有关，而升力系数又与迎角和翼型有关。

**(3) 阻力的产生及相关因素**

只要物体跟空气有相对运动，必然有空气阻力作用在物体上。无人机飞行时，不但机翼上会产生阻力，无人机的其他部件如机身、尾翼、起落架等都会产生阻力，机翼阻力只是无人机总阻力的一部分。

飞行阻力按其产生的原因不同，可分为摩擦阻力、压差阻力、诱导阻力和干扰阻力。

① 摩擦阻力　摩擦阻力是由于大气的黏性而产生的。当气流以一定速度流过无人机表面时，由于空气的黏性作用，空气微团与无人机表面发生摩擦，阻滞了气流的流动，因此产生了摩擦阻力。摩擦阻力的大小取决于空气的黏性、无人机表面的状况、附面层中气流的流动情况和与气流接触的无人机表面积的大小。空气的黏性越大，无人机表面越粗糙，无人机的表面积越大，则摩擦阻力越大。为了减少摩擦阻力，可以减少无人机与空气的接触面积，也可以把表面做光滑些，以减少它的摩擦阻力；也可选择升阻比大的翼型，以及减小相对气流速度。

② 压差阻力　压差阻力由运动物体前后所形成的压强差形成，压差阻力的大小与物体的迎风面积、形状以及在气流中的位置有关。

③ 诱导阻力　诱导阻力伴随着升力而产生，如图 1-19 所示，如果没有升力，则

诱导阻力为零。诱导阻力与机翼的平面形状、翼剖面形状、展弦比等有关，可以通过增大展弦比、选择适当的平面形状（如椭圆形平面的机翼）、增加翼梢小翼等来减少诱导阻力的产生。在相同条件下，椭圆形机翼的诱导阻力最小，矩形机翼的诱导阻力最大。

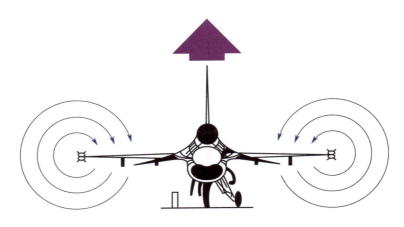

图 1-19　诱导阻力

④ 干扰阻力　干扰阻力是无人机各部分之间因气流相互扰而产生的一种额外阻力。无人机的各个部件如机翼、机身、尾翼等，单独放在气流中所产生的阻力的总和并不等于把它们组成一架无人机放在气流中所产生的阻力，往往是前者小于后者，多出来的部分就是干扰阻力。为了减少干扰阻力，在设计中，应妥善考虑和安排各部件的相对位置，同时加装整流罩，连接过渡圆滑，减少旋涡的产生。

### 1.1.3　伺服执行机构

无人机的执行机构都是伺服动作设备，其主要的功能是根据飞控的指令，按照规定的静态与动态的要求，对无人机的各舵面或活塞发动机油门等实现控制，进而实现对无人机的控制。

(1) 伺服执行机构的类型

伺服执行机构的类型主要分为：液压伺服执行机构、气动伺服执行机构以及电动伺服执行机构。

① 液压伺服执行机构与气动伺服执行机构在民用固定翼无人机中应用较少，但一般大型的民用航空飞机大多采用这种伺服装置。液压伺服执行机构通常由控制油泵、缸体、动作活塞杆以及相关传感器等部分组成。气动伺服执行机构通常由控制气泵、缸体、动作活塞杆以及相关传感器等部分组成。图 1-20 所示为气动伺服执行机构。

② 舵机是电动伺服执行机构的一种，也叫作伺服电机，是目前民用固定翼无人机应用比较广

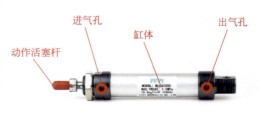

图 1-20　气动伺服执行机构

泛的一种伺服机构。与其他伺服执行机构相比，电动伺服执行机构在制造和后期维护方面都比较方便，系统组成也比较简单。舵机通常由电动机、可调电位器、减速输出齿轮、驱动电路板等几部分组成，如图1-21所示。

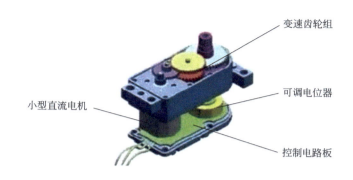

图1-21　舵机结构

**(2) 舵机的分类**

舵机作为民用无人机伺服装置的一种，其尺寸大小、扭力输出、工作信号以及工作电压都不相同，因此其种类分为多种。

① 按尺寸大小可分为：小微型舵机，微型舵机，中型舵机，标准舵机。其中小微型舵机由于扭力有限，因此在固定翼无人机的应用比较少，其尺寸大小如图1-22所示，其扭矩一般为200～250g/cm。

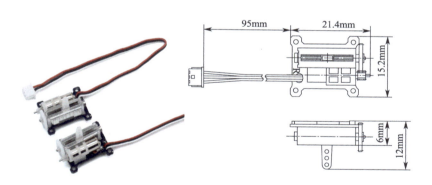

图1-22　小微型舵机的尺寸示意图

a. 微型舵机。其在尺寸上相对于小微型舵机稍大一些，但是扭矩与小微型舵机相比有了很大的提升。品质好的微型舵机的扭矩可以达到4.5kg/cm。通常航模固定翼大多采用这个尺寸的舵机，图1-23所示为常用的微型舵机尺寸。

b. 中型舵机。中型舵机在扭矩方面与微型舵机相比有了一定的提升，但在尺寸方面要比微型舵机大出一些。中型舵机的扭矩一般为4.5～9.5kg/cm，图1-24所示为通用的中型舵机以及外观尺寸（单位：mm）。

c. 标准舵机。标准舵机是目前民用固定翼无人机中使用最为广泛的一种舵机，其扭矩、速度与中型舵机和微型舵机相比都有了很大的提升。通常情况下标准舵机的扭矩都在

10kg/cm 以上，图 1-25 所示为通用的标准舵机尺寸（单位：mm）。

图 1-23　微型舵机的尺寸示意图

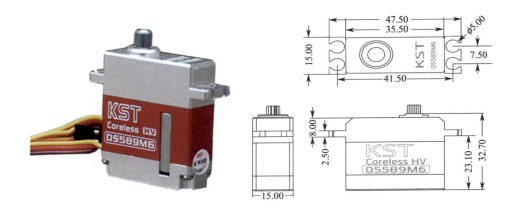

图 1-24　中型舵机的尺寸示意图

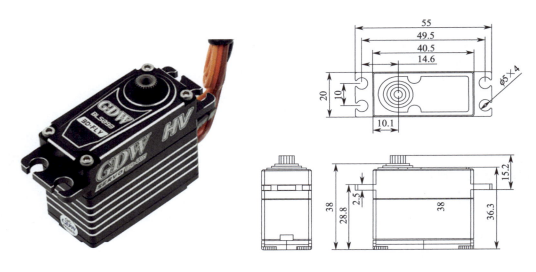

图 1-25　标准舵机的尺寸示意图

不同大小级别的固定翼无人机所使用的舵机大小是不同的,因此在选取舵机组装固定翼无人机时,要根据固定翼无人机的大小或厂家给出的舵机推荐大小来选择合适扭力的舵机。

② 按照舵机的工作信号来进行分类可分为:数字舵机和模拟舵机。数字舵机与模拟舵机的区别如下:

a. 处理输入信号的方式不同。数字舵机主要由马达、减速齿轮、控制电路等组成,只需要发送一次 PWM 信号就能保持在规定的某个位置,而模拟舵机与传统的舵机类似,需要多次发送 PWM 信号才能够保持在规定的位置上,从而实现对舵机的控制,并按照规定要求的速度进行转动。

b. 控制电路不同。数字舵机的控制电路比模拟舵机多了微处理器和晶振,因此两者在控制电路的处理方式不同,同时数字舵机在性能方面上也不同于模拟舵机。

c. 反应速度不同。模拟舵机需要一个短促的动力脉冲,紧接着有很长时间的停顿,因此并不能够给舵机内部的电动机过多的激励,来使其转动。数字舵机由于只需发射一次信号,故在反应速度方面与模拟舵机相比具有优势。

### 1.1.4 固定翼无人机的组装注意事项

固定翼无人机的组装主要包含:机身与机翼之间的组装、起落架的安装、伺服舵机的安装、动力系统的安装和飞控系统的安装。在连接固定翼无人机的机翼和机身时,常用的连接方式有螺栓固定连接、插销连接、橡皮筋捆绑连接、胶水和纤维胶带的连接等。

固定翼无人机的机械问题

#### (1) 机翼组装

小微型固定翼无人机的机翼组装一般分为左右两部分的连接,组装效果直接影响飞行性能,一般应严格遵守产品说明书要求。

① 机翼连接方式应符合要求,粘接、螺接等都应保证牢固、可靠、不松动。

② 安装后机翼的安装角、上反角及后掠角等应符合要求。

安装角是指机翼安装在机身上时翼根翼剖面弦线与机身轴线之间的夹角,即从侧面看,机翼翼弦和无人机纵轴的夹角,如图 1-26 所示。

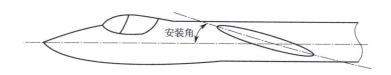

图 1-26 机翼安装角

上反角是指机翼下表面和垂直于无人机立轴的平面之间的夹角,若从机头向机尾看去,两个翼尖向两边上翘的就叫上反角,两个翼尖向两边下垂的就叫下反角,如图 1-27 所示。一般安装上反角加强片或支撑杆等,强度应足够承担飞行时的机翼载荷。

#### (2) 尾翼组装

尾翼组装与机翼组装类似,分为分离式和一体式,组装应严格按照说明书要求。组装完成前,应检查尾翼的安装角,先将尾翼插进机身槽口,仔细检查尾翼的安装角度是否准确。

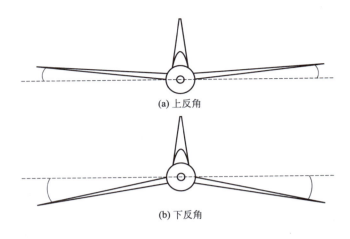

图 1-27　上反角和下反角

从俯视的角度检查水平尾翼是否左右对称，从后视的角度检查垂直尾翼是否垂直于机身和水平尾翼，如图 1-28 所示，发现有误差时一定要及时纠正。

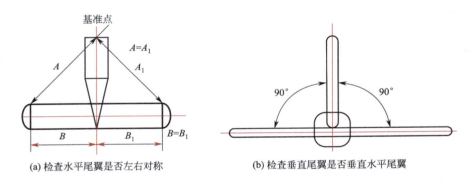

图 1-28　尾翼组装

### (3) 起落架的安装

固定翼无人机起落架的形式可分为：前三点式和后三点式。如图 1-29 所示，前三点式起落架是指两起落架的两个主轮置于飞机重心之后，前轮置于机身前部远离重心处的起落装置。而后三点式起落架是指两个主轮在重心稍前处，尾轮在机身尾部离重心较远的起落装置。

### (4) 伺服舵机的安装

伺服舵机的执行部分主要由摇臂、连杆及舵角组成。

舵角一般是一个三角形的固定件，如图 1-30 所示，舵角安装在无人机副翼、尾翼的活动舵面上，通过连杆与舵机摇臂连接。

伺服舵机通常安装在固定翼无人机预先设计的安装槽内，见图 1-31。通常用热熔胶或胶水将伺服舵机进行固定。在安装舵臂时要提前采集舵机的中立点位置，舵臂安装时要符合说明要求。通常情况下，舵臂安装后应与机翼下表面垂直，同时要确保舵臂运动行程不受干

图 1-29　前三点与后三点式起落架的分布图

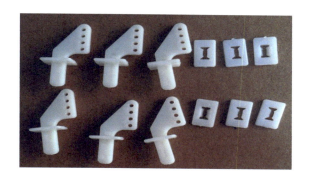

图 1-30　舵角

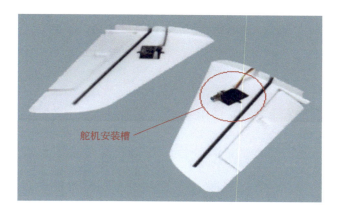

图 1-31　舵机安装槽

涉。在安装舵机时，要注意舵机输出齿轮的安装位置。错误的安装会导致拉杆长度不足，或者舵臂与舵角的错位。

舵臂与舵角孔位的选择直接影响舵面的偏转舵量，如图 1-32 所示。因此在安装连杆时要注意孔位的选择，偏转舵量过大或过小将直接影响飞行的体验。

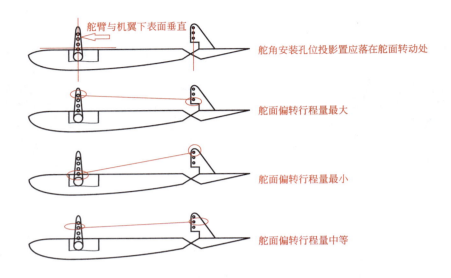

图 1-32　舵面偏转行程量的调节孔选择

此外，安装过程中的注意事项如下：
① 同一舵面的各个铰链的中心线应该在一条直线上，并且位于舵面的中心。
② 控制舵臂的转动点应该与铰链的中心线在同一个平面上。
③ 舵机摇臂应该与铰链中心线平行，调整舵臂使得键槽与键齿相配合，尽量不要使用遥控器的中立位置调整功能来调整舵机的中心位置。
④ 使用高级的带轴承的连接附件和精密加工的铝制舵臂，可以更好地完成设置。

**(5) 动力系统安装**

动力系统的安装以电动系统为例。固定翼无人机的电动系统由螺旋桨、电动机、电调及电池组成。

① 电动机的安装　电动机安装角是一个十分重要的设置，它的设定关系到无人机的飞行稳定性，在固定翼无人机安装里尤为重要。准确计算电动机安装角是十分困难的，应掌握最基本的原理，在飞行维护中懂得如何调节出最适合的安装角。

拉力线是指固定翼无人机的发动机/电动机（带动螺旋桨）产生拉力/推力的轴线。拉力线与无人机的机身轴线的夹角就是电动机安装角，一般是指右拉角和下拉角。相对于机身轴线来说，电动机轴线与无人机的前进方向的右前方延伸角度是右拉角，向前下方延伸角度是下拉角，如图 1-33 所示。

② 电子调速器的安装　电子调速器的连接方法：调速器的三芯插头（信号插头）直接插入接收机的油门通道，电源插头通过大电流插头和动力电源连接；无刷电动机与电子调速器的三条连接线没有固定的连接顺序，在试车时如果发现电动机的旋转方向不对，可调换任意两条接线的位置。

③ 螺旋桨的安装　根据电动机/发动机的安装位置不同则螺旋桨的安装方式也不同。不论是前拉式无人机还是后推式无人机，在安装螺旋桨时要注意螺旋桨的正反面。通常情况下

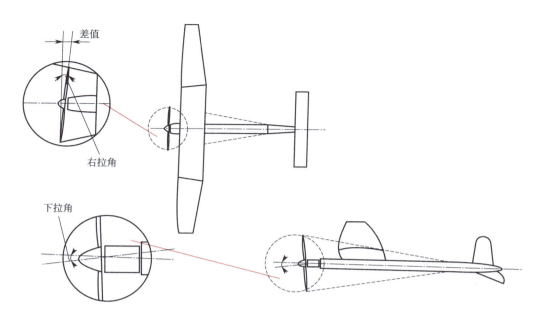

图 1-33 电动机安装角

螺旋桨有字一面为正面,它与电动机的转向要一致才能提供正常有效的拉力。螺旋桨产生的拉力应与无人机的行进方向一致,而推力正好与无人机的行进方向相反。

## 1.1.5 固定翼无人机重心与舵面的调整

常见的固定翼无人机在出厂时,厂家已经提前设计好了一个比较合理的机翼安装角与拉力线,我们在安装时只需要遵照说明要求将机翼与动力电机安装即可。无人机初装完成后,为了满足基本的飞行需求,需要完成对机体的重心与舵面行程的调整。

固定翼无人机通电后的机械问题

### (1) 重心的调整

固定翼无人机的重心调试是指安装完成后,将无人机的重心调整到设计范围之内,而且要使其总重量不得超过设计的最大起飞重量。无人机各部分重力的合力作用点称为重心。固定翼无人机的重心位置对飞行性能、稳定性和操纵性影响较大,因此,在每次组装完成后首先要进行重心调试。

通常重心位置是在无人机气动设计时根据压力中心、焦点位置以及操纵性能要求决定的。根据机型的不同,重心在机身的位置是不同的。一般来说,固定翼无人机的重心设计在机翼前缘往后的 1/3 处,也就是机翼前缘到后缘的 25%~35%。当然这个范围不是固定的,机型不一样,重心的设计位置也不一样。根据设计要求,为了能达到平衡,一般通过调整设备位置或通过配重的方式完成重心调整。小微型无人机确定重心方法如下。

a. 手托法  手托法是指用两根手指分别在两侧机翼下表面相同位置托起,反复更改和寻找位置,当无人机正好处于水平平衡时,手指所托的位置即为前后重心位置,如图 1-34 所示。对于小微型无人机而言,手托法是测试和查找重心位置时常用的方法。

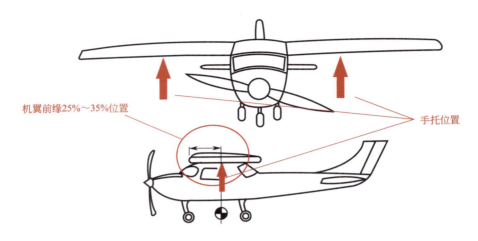

图 1-34 手托法示意图

b. 试飞法　试飞法是指手投无人机。具体而言,用手抓住机身上重心稍靠后的位置,机头稍低于水平线,逆风,沿机身方向将无人机轻轻掷出。注意手掷时手臂不能画弧线,而是沿机身方向的直线方向轻轻抛出。此方法适用于重量较轻、结构比较稳固且比较抗摔的无人机。

无人机抛出后,可能会出现以下3种滑翔姿态,如图1-35所示。

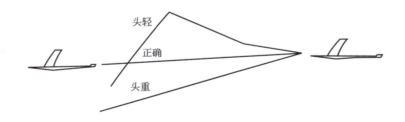

图 1-35 滑翔状态

滑翔过程中如出现波状飞行,属于不正常的飞行状态。如下栽则属于机头偏重的情况;如向上飞行则属于机头偏轻的情况;如果平稳下滑则属于正常飞行状态。然而在实际的飞行过程还会出现其他的情况。这时我们要根据飞行现象做出调整。具体产生原因及调整方法可参考表1-1。

表 1-1　试飞现象及原因

| 飞行现象 | 产生原因 | 调整纠正方法 |
| --- | --- | --- |
| 飞出后向上急升,随后失速坠地 | 机头过轻或机尾过重 | 增加机头重量,调整重心位置 |
| | 机翼有正安装角且角度过大 | 调小机翼正安装角 |
| | 手掷速度过快 | 降低手掷速度 |
| | 手掷时机头抬得过高 | 出手时机头稍向下 |

续表

| 飞行现象 | 产生原因 | 调整纠正方法 |
| --- | --- | --- |
| 呈波状飞行,滑翔至地面时出现微小波状 | 机翼有正安装角且角度偏大 | 调小机翼正安装角,调整量应较小 |
| | 水平尾翼有负安装角 | 将水平尾翼安装角调为零 |
| 飞出后很快俯冲到地上 | 机头过重 | 减轻机头重量,调整重心位置 |
| | 机翼有较大的负安装角 | 调整机翼安装角为正 |
| | 水平尾翼有较大的负安装角 | 调小水平尾翼负安装角 |
| 飞出后急速向左右倾斜坠地 | 机翼两边重量不等 | 在左右翼尖加配重 |
| | 两边机翼的安装角不等 | 重新安装 |
| | 两边机翼上反角不等 | 重新安装 |
| | 水平尾翼变形垂尾的面积过小 | 调整水平尾翼形状,适当增大垂尾面积 |

**(2) 舵面行程的调整**

在无人机组装完成后,需要调整各舵面行程的大小。例如,某 1600mm 翼展的无人机安装后,舵面偏转行程量的参考值如图 1-36 所示,舵面偏转行程量太大或太小对无人机的操纵都会有不好的影响。一般产品说明书都会提供无人机的舵面偏转行程量应调整的大小数据,初次试飞应参考建议值。试飞后,可根据飞行情况及个人的操纵习惯,对舵面偏转行程量进行调整。

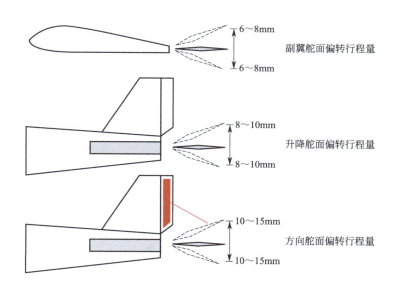

图 1-36 各舵面偏转行程量

## 任务实施

### 1.1.6 固定翼无人机动力装置的拆装

固定翼无人机电机拆装的操作步骤及说明见表 1-2。

表 1-2　固定翼无人机电机拆装的操作步骤及说明

| 操作步骤 | 操作说明 | 示意图 |
|---|---|---|
| 1 | 安装电机至电机固定座上，并选用高强度螺纹胶将电机锁紧 |  |
| 2 | 连接电机输入延长线（由于电机的安装位置不同，在线材过短的情况下可通过延长线来实现连接） | 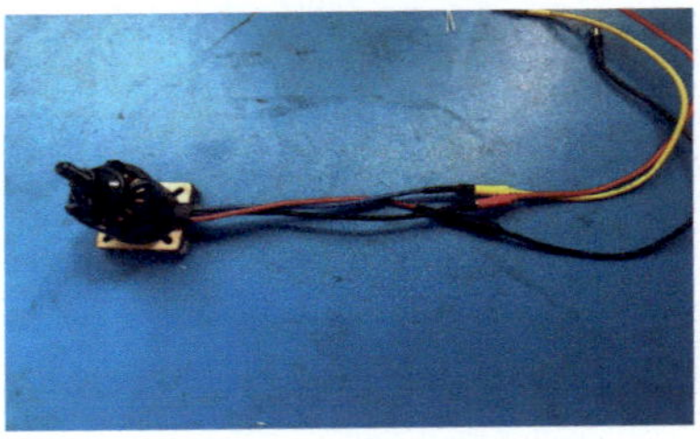 |
| 3 | 将电机安装至固定翼无人机预留的固定位置，并采用螺钉或固定胶水将电机座固定 | 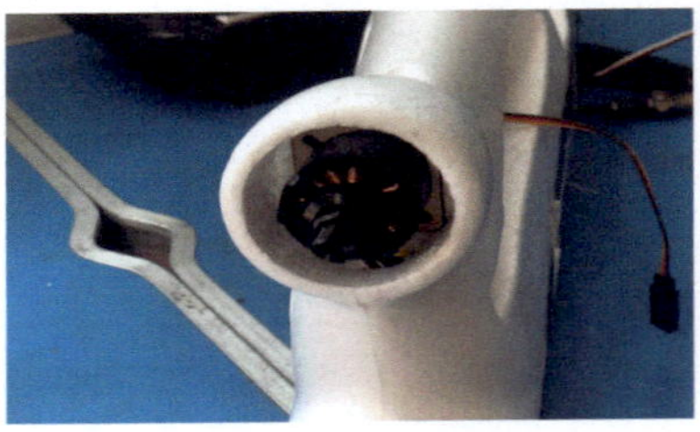 |
| 4 | 将电机输入线穿入机身内部 | 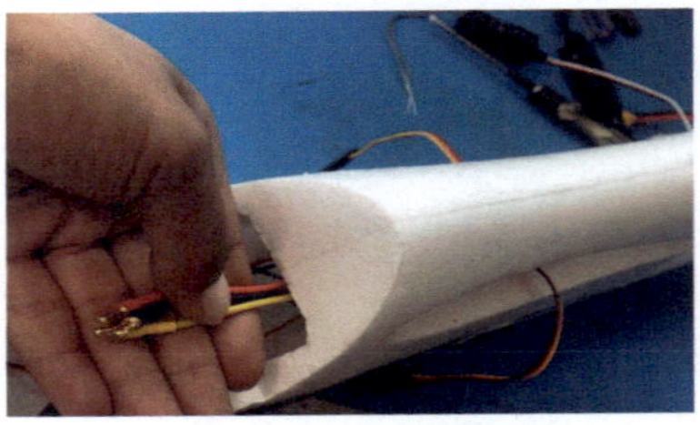 |
| 5 | 将无刷电调的输出端与无刷电机的输入端进行连接 | 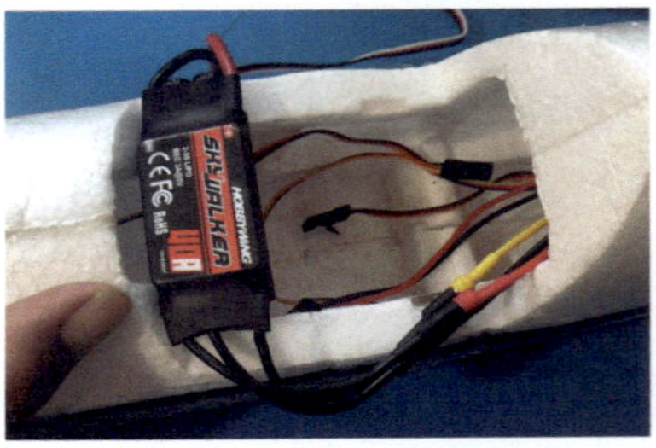 |
| 6 | 无刷电机与电调连接完成后需要选择合适位置将无刷电调进行固定（可选用双面胶或魔术贴对电调进行固定） | |

## 1.1.7 固定翼无人机起落架的拆装

固定翼无人机起落架拆装的操作步骤及说明见表 1-3。

表 1-3 固定翼无人机起落架拆装的操作步骤及说明

| 操作步骤 | 操作说明 | 示意图 |
| --- | --- | --- |
| 1 | 选择合适的固定翼无人机轮轴组件 | 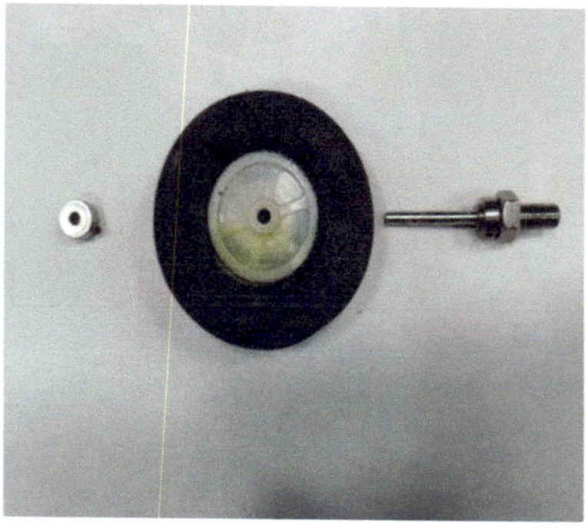 |
| 2 | 使用轮挡将机轮固定于轮轴上,并检查是否牢固 | 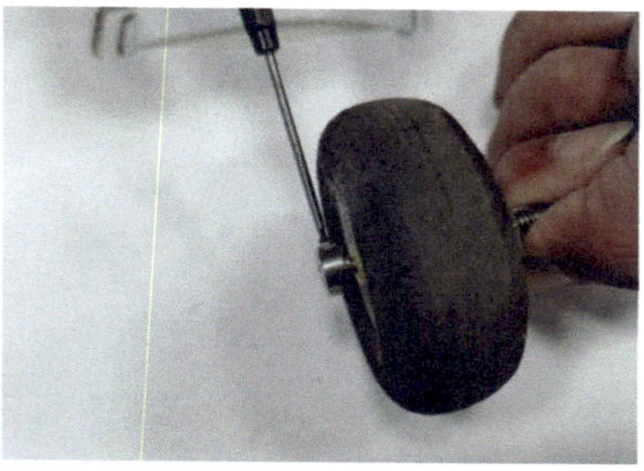 |
| 3 | 使用扳手将轮轴固定于碳纤维起落架主体上,并检查是否牢固 | 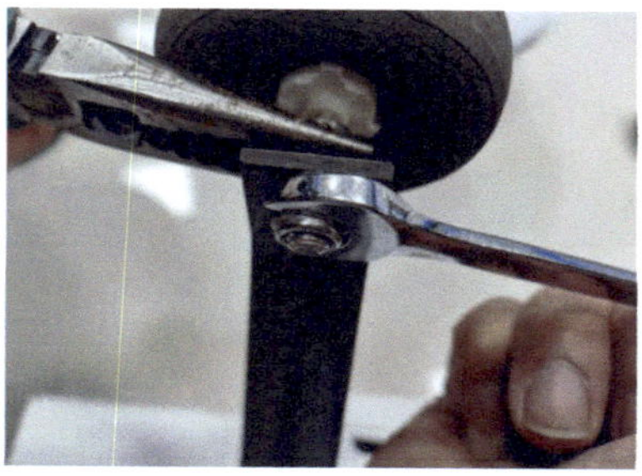 |
| 4 | 将机轮导流罩通过自攻螺钉固定于碳纤维起落架主体上 | 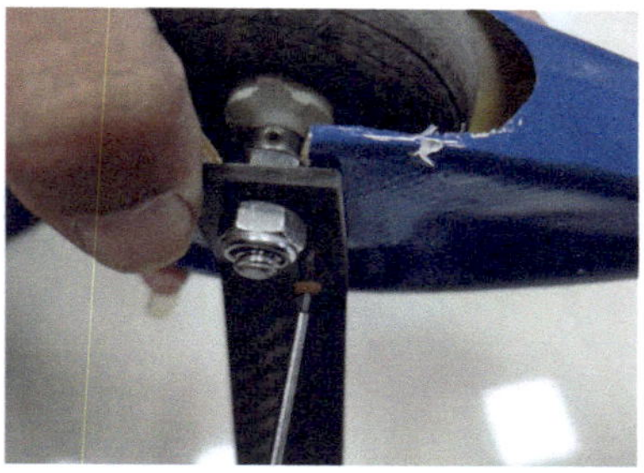 |

续表

| 操作步骤 | 操作说明 | 示意图 |
|---|---|---|
| 5 | 将碳纤维起落架主体放置于起落架安装位置,使用高强度螺钉拧紧,并检查是否牢固 | 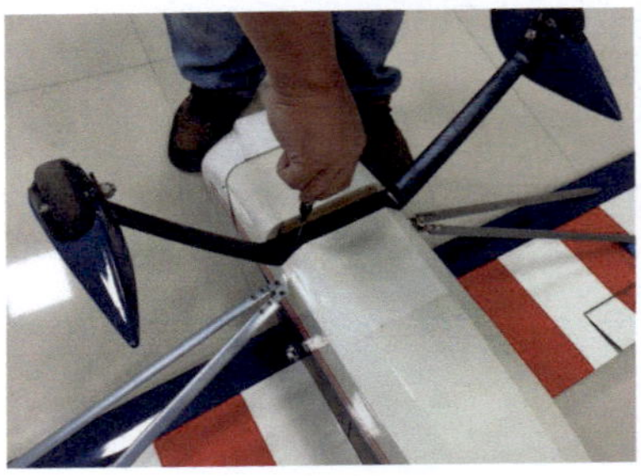 |

## 1.1.8 机翼与翼面舵机的拆装

固定翼舵机拆装的操作步骤及说明见表1-4。

表1-4 固定翼舵机拆装的操作步骤及说明

| 操作步骤 | 操作说明 | 示意图 |
|---|---|---|
| 1 | 打开遥控器发射机,新建一个模型,并确保遥控器发射机与接收机正常通信 | 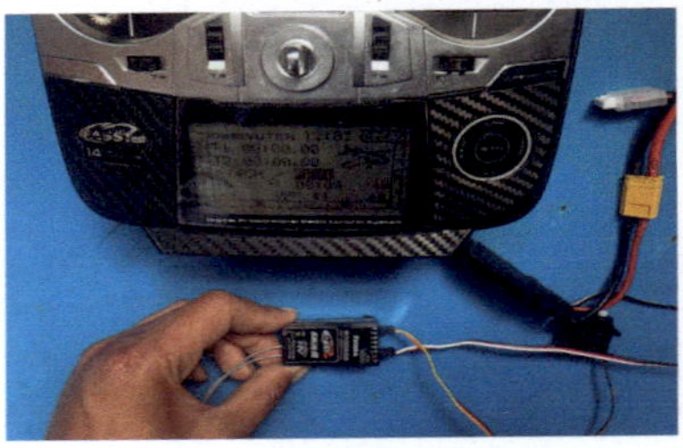 |
| 2 | 将舵机控制线插入接收机除3通道以外的1、2、4任意通道上,并通电寻找舵机中立点位置 | 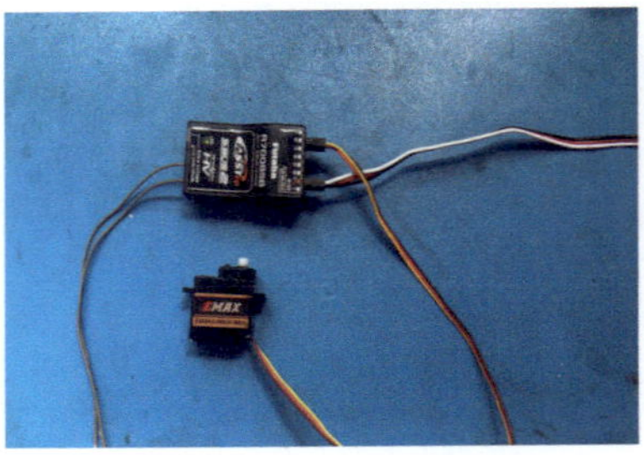 |
| 3 | 选用合适的长短舵机臂,将舵机臂安装在舵机输出轴上(安装机翼上的舵臂时要注意舵臂的朝向) | 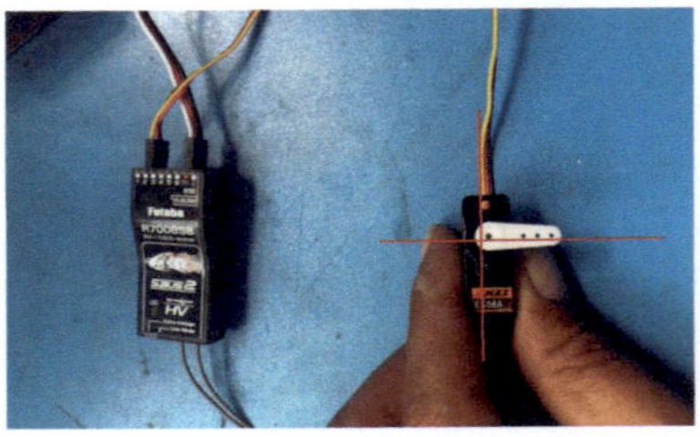 |

续表

| 操作步骤 | 操作说明 | 示意图 |
|---|---|---|
| 4 | 选用中等强度的螺纹胶将舵机臂锁紧 | 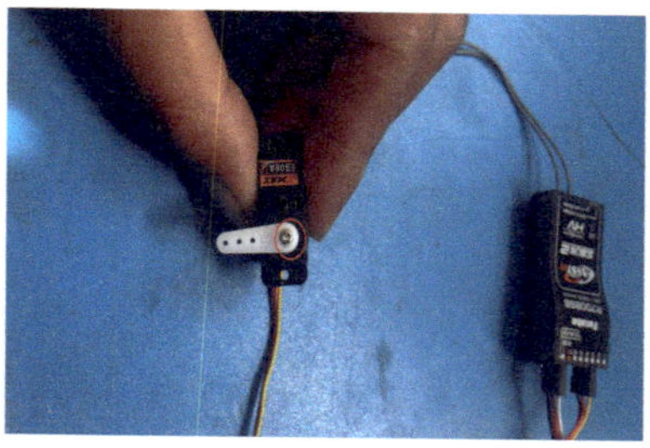 |
| 5 | 将舵机安装在机翼下方预先留出的舵机安装槽内,并选择规定的螺钉将舵机固定或选用热熔胶将舵机固定(注意舵机朝向以确保舵机臂与机翼下表面垂直) | 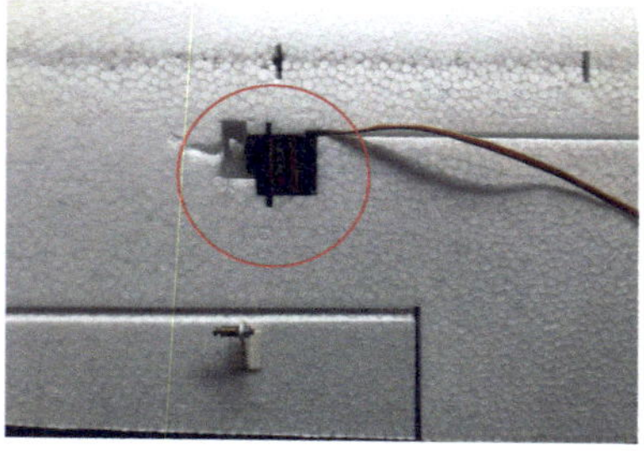 |
| 6 | 安装舵角至活动舵面上(在安装舵角拉杆固定螺钉时要选择合适空位,以确保舵角活动得到足够的行程) | 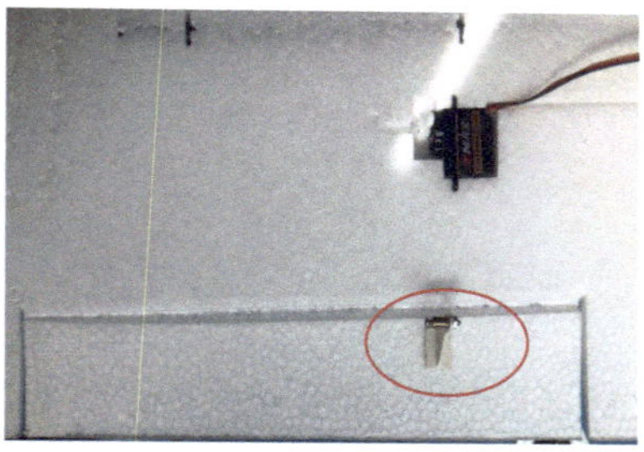 |
| 7 | 安装舵臂与舵角之间的拉杆(安装拉杆时要注意选取合适的长度锁紧,过长或过短将导致舵面与机翼后缘的不平行) | 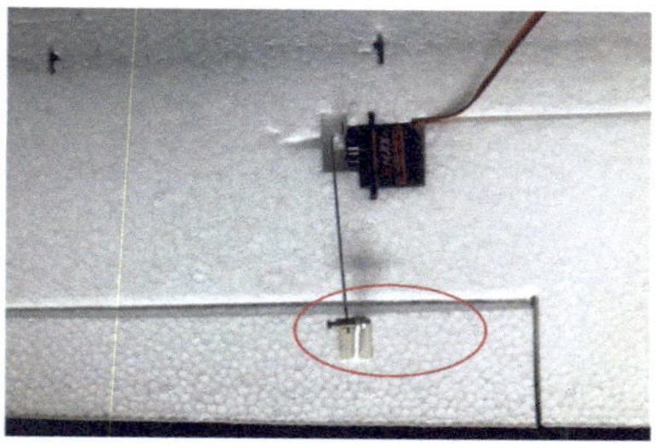 |
| 8 | 将机翼与舵面保持在同一水平面上 | 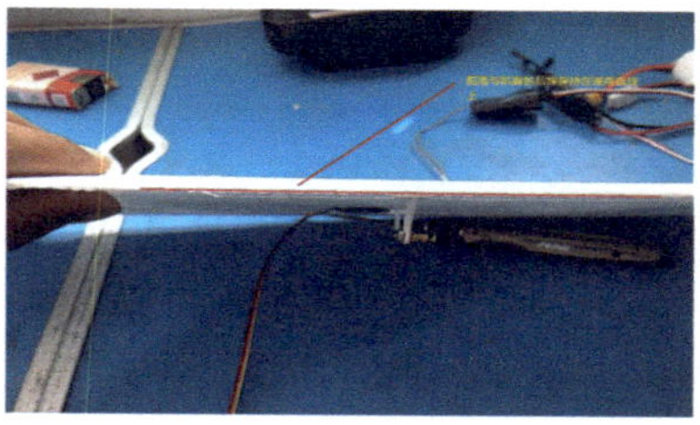 |

## 1.1.9 固定翼无人机飞控、接收机和数传的拆装

飞控、接收机和数传拆装的操作步骤及说明见表1-5。

表1-5 飞控、接收机和数传拆装的操作步骤及说明

| 操作步骤 | 操作说明 | 示意图 |
| --- | --- | --- |
| 1 | 选择好固定翼无人机飞控减振架组件 |  |
| 2 | 将减振球压入安装孔位,并将飞控减振架上下层连接起来 |  |
| 3 | 将飞控底部通过高强度双面胶固定于飞控减振架上方,并检查是否牢固 |  |
| 4 | 将固定翼无人机飞控SBUS端口与接收机SBUS端口通过杜邦线连接 | 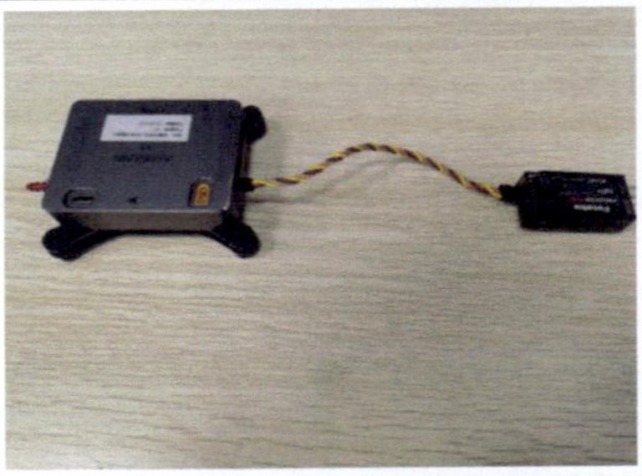 |
| 5 | 将数传天线与数传电台连接 | 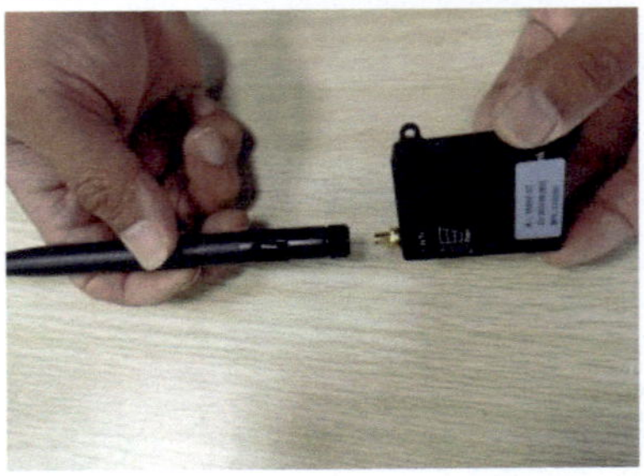 |

续表

| 操作步骤 | 操作说明 | 示意图 |
| --- | --- | --- |
| 6 | 将飞控 RADIO 端口连接至数传电台 | 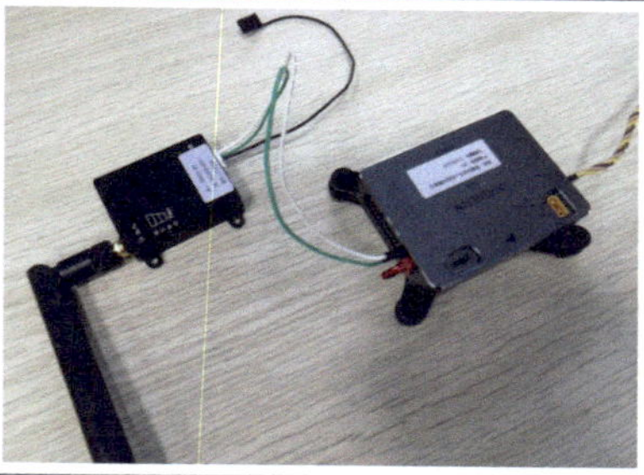 |
| 7 | 用高强度双面胶将飞控、数传电台、接收机固定于机舱内,并检查是否牢固 | 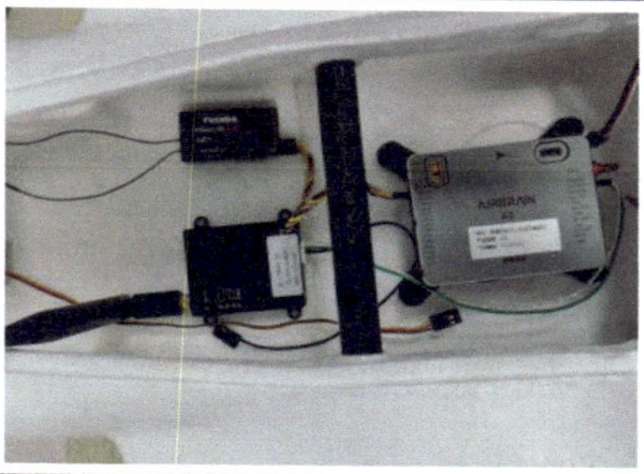 |

##  任务测评

1. 简述固定翼无人机动力系统的组成和作用。
2. 简述固定翼无人机上舵机的作用。

**任务反馈**

# 任务 1.2　无人直升机的拆装

## 知识准备

### 1.2.1　无人直升机与旋翼无人机的关系

无人直升机是旋翼无人机的一种。旋翼无人机是相对于固定翼无人机而言的,其主要技术特点就是取消了机翼,取而代之的是旋翼,一般采用垂直起降方式进行起飞和降落。现有的旋翼无人机包括两大类。第一种源自有人机领域中的"直升机",主要特点是采用单一主旋翼提供升力,或者采用共轴式双旋翼提供升力等,如图1-37(a)所示。第二种就是多旋翼无人机,如图1-37(b)所示,这种无人机的主要特点就是采用3个以上(以4个最为常见)旋翼共同工作来提供升力,这类旋翼无人机称之为多旋翼无人机。这里要讲的是前者。

(a) 无人直升机

(b) 多旋翼无人机

图 1-37　无人直升机和多旋翼无人机

### 1.2.2　无人直升机的基本结构及工作原理

**1. 无人直升机的基本结构**

无人直升机的主要组成部分包括主旋翼、尾翼、机身、起落架、动力系统、飞控系统等,其中机身结构、动力系统以及飞控系统等和固定翼无人机并无本质区别。本节主要重点介绍无人直升机的主旋翼、尾翼、动力系统以及操控系统的结构和特点。

**2. 无人直升机的主旋翼**

**(1) 旋翼的作用**

本质上讲,旋翼是一个能量转换部件,它把发动机通过旋翼轴传来的旋转动能转换成旋翼拉力。旋翼的基本功能是产生旋翼拉力。在飞行中,拉力的一部分用于支撑直升机,起升力作用,另一部分则为直升机的运动提供动力。

无人直升机主轴更换

(2) 旋翼的结构

直升机的旋翼结构形式有很多种，通常直升机的旋翼由旋翼轴、桨毂和桨叶组成。旋翼的结构形式主要是指桨叶与桨毂的连接方式。

① 铰接式桨毂　铰接式旋翼头是早期的直升机运用比较广泛的一种结构形式。其桨毂具有三个铰，分别是：水平铰、垂直铰以及轴向铰。桨叶连接桨毂后可以分别绕着这三个铰进行三种活动（图1-38）。

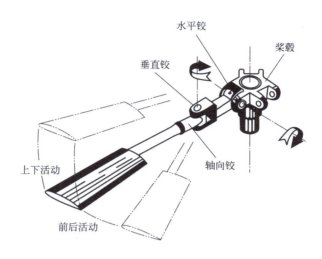

图 1-38　铰接式桨毂

桨叶绕水平铰可以上下活动，桨叶可以绕垂直铰做前后活动，并且桨叶绕轴向铰也可以转动。桨叶绕水平铰的活动被称为挥舞运动，绕垂直铰的活动被称为摆阵运动，而绕轴向铰的转动被称为变距运动（变距即变桨距或螺距）。

② 无铰式桨毂　为了进一步减轻重量，提高可靠性和使用寿命，降低维护难度，在铰接的基础上又出现了无铰式旋翼形式。无铰式旋翼一般是指在桨毂上取消了铰接式旋翼头的水平铰与垂直铰，只保留了用于改变桨叶螺距的轴向铰。桨叶的挥舞运动及摆阵运动通过结构上的弯曲来实现，如图1-39所示。

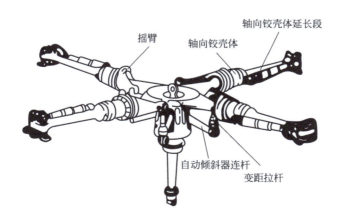

图 1-39　无铰式桨毂

③ 万向接头式桨毂　万向接头式桨毂通常只有两片桨叶，如图1-40所示，它的桨叶与桨毂相连，并且具有轴向铰以改变桨叶的桨距，与桨叶连接的桨毂下环通过一对轴销与桨毂上环连接。上环则通过另一对轴销与桨轴相连。这样就起到了水平铰的作用。因此，两片桨叶就可以做上下挥舞运动了。

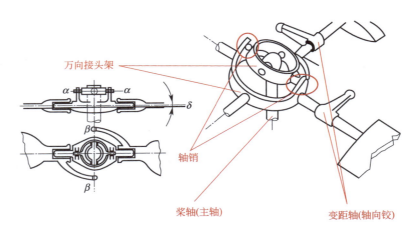

图1-40　万向接头式桨毂

### 3. 无人直升机的尾翼

对于大多数采用单旋翼的直升机而言，飞行过程中平衡主旋翼力矩是非常重要的。因此，单旋翼直升机一般都需要配置带尾桨的尾翼。这种尾翼通常包括一个垂直安定面、水平航面和设置于垂直安定面一侧的尾桨，如图1-41所示。

图1-41　单旋翼尾桨形式

单旋翼直升机的旋转方式分为两种：一种为顺时针旋转；另一种为逆时针旋转。不论哪一种旋转方式的直升机，其尾桨都需要提供不同方向的平衡力矩。直升机尾桨一般设置为两叶和四叶桨，除此之外也采用桨叶数量较多的涵道式尾桨。对于无人直升机而言，绝大多数都是采用最简单的两叶尾桨。

无人机直升机的桨毂形式主要有4种：铰接式、万向接头式、无轴承式以及涵道式。

(1) 铰接式

铰接式尾桨和铰接式主旋翼采用类似的铰接结构，但是在于不同点，铰接式尾桨取消了垂直铰，只保留了水平铰及轴向铰，如图1-42所示。

图1-42 铰接式尾翼

(2) 万向接头式

万向接头式尾桨采用万向轴承代替了水平铰和垂直铰，从而大大简化了尾桨桨毂的结构。这一点和采用了万向接头式的主旋翼比较类似。

(3) 无轴承式

无轴承式尾桨毂是目前结构形式最为简单的一种桨毂形式。其没有设置多余的机械轴承，包括尾桨的变距，它完全依靠桨叶的自身弹性变形以适应各种飞行工况。这种尾桨叶一般采用碳纤维的复合材料加工而成，其弹性性能较好。桨叶数目以两叶与四叶居多，如图1-43所示。

(4) 涵道式

涵道式尾桨（图1-44）在结构方面类似于涡扇发动机的

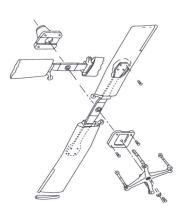

图1-43 无轴承式尾旋翼

压气机叶片，其桨叶几何尺寸比普通尾桨小很多，但桨叶数目比普通的尾桨数量多，一般在8叶以上。这种尾桨的挥舞和摆阵幅度都极小，所以不需要设置复杂的铰接结构，全部由桨叶自身来平衡。此外这种涵道式尾桨本身借助于特殊的气动结构来帮助尾桨产生额外的气动力，因此在效率上也会较高。由于这种尾桨的工艺比较复杂而且加工精度也较高，所以在无人直升机的领域极为少见。

4. 动力系统

动力系统是将发动机的动力传递给主旋翼和尾桨的重要动力部件。无人直升机的动力系统使主旋翼转动来产生升力，使尾桨协调转动来平衡扭矩，是直升机最重要的系统之一。其通常主要包括主减速器、传动轴、尾减速器和中间减速器等，如图 1-45 所示。

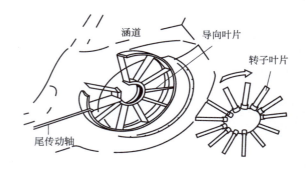

图 1-44　涵道式尾桨

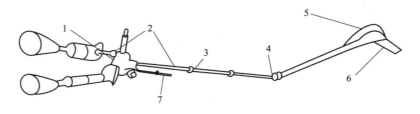

图 1-45　无人直升机动力系统简化图

1—主减速器；2—尾传动轴；3—尾传动轴支座；4—中间减速齿轮；5—尾减速齿轮；
6—尾轴；7—传动附件

(1) 主减速器

主减速器是动力系统的核心部件，其输入轴（主动轴）与发动机（或电动机）的输出轴相连，其输出轴（从动轴）连接主旋翼轴（从动轴）的同时与尾旋翼传动轴相连，它的传递功率和减速比很大，减速器的作用就是把发动机的高转速降低为适合主旋翼旋转的低转速。图 1-46 所示为常见的民用无人直升机的主减速器，通常在主减速器中会装有单向轴承。

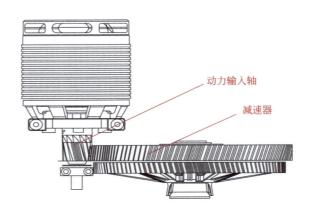

图 1-46　民用无人直升机的主减速器

## (2) 传动轴

传动轴包括动力输入轴和尾传动轴。动力输入轴连接发动机与主减速器，主减速器通过尾传动轴向尾桨传递功率。为了补偿制造及安装误差、机体变形及环境影响，传动轴往往还带有各种联轴节。细长的尾传动轴必须通过若干个轴承支撑在机体上。图 1-47 所示为民用无人直升机的传动轴。

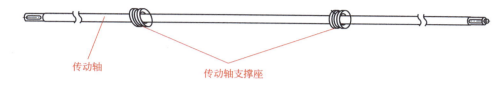

图 1-47 传动轴

## (3) 尾减速器及中间减速器

尾减速器是将功率传递给尾桨的部件。输入轴与尾传动轴相连，一般由一对伞齿轮构成。输入轴与输出轴夹角一般为 90°，如图 1-48 所示。

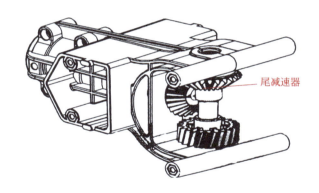

图 1-48 尾减速器

### 1.2.3 无人直升机的空气动力特点

固定翼无人机的升力面是机翼，操纵面是升降舵、方向舵和副翼，其中升降舵控制无人机绕横轴旋转来控制机头向上或者向下；方向舵控制无人机绕立轴旋转来控制机头的指向；副翼控制无人机绕纵轴旋转来控制无人机做横滚运动。固定翼无人机的推进器是螺旋桨或者是喷气式发动机。与旋翼类无人机相比，固定翼无人机具有气动效率高、寿命长、经济性好、飞行速度大、升限高、稳定性好、操纵容易等优点；其最大的缺点是对升降场地要求较大，并且需要跑道。

无人直升机的升力面、操纵面和推进器都是主旋翼。操纵是通过改变主旋翼的螺距来改变升力的大小，从而控制无人直升机的上升和下降；通过改变主旋翼旋转平面的倾斜方向和大小实现前进、后退和侧飞。其最突出的特点是不需要跑道，可垂直起降和悬停。与固定翼无人机相比，无人直升机的缺点是气动效率较低、载重较小、振动较大、舒适性差、操纵难度大且稳定性差。

### 1.2.4 无人直升机组装的注意事项

与固定翼无人机与多旋翼无人机相比，无人直升机的装配机械机构比较复杂，因此在装配无人直升机时要严格按安装相关机型的说明来安装，这样才可以避免因为机械机构安装不到位导致无人直升机无法正常飞行。

无人直升机的机械问题

**(1) 主旋翼桨毂的装配**

无人直升机的主旋翼由于直径较大，因而在高速旋转时会产生非常大的离心力，因此在安装主旋翼桨毂时建议使用高强度的螺纹胶固定桨毂的横轴螺栓，同时对桨夹内的止推轴承涂抹润滑脂。止推轴承有正反向之分，在安装止推轴承时要注意"OUT"与"IN"的标识（图1-49），带有"IN"标识的装于内侧，带有"OUT"标识的装于外侧，如果装反可能会导致机体莫名的震动。

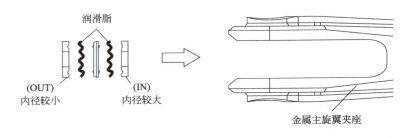

图1-49 止推轴承的安装

桨毂装配完成后要检查各个活动关节是否运转顺滑，如运转不顺滑要仔细检查活动关节的每个部位，确保运转正常。

**(2) 机身的装配**

在安装机身的过程中要严格按照说明书的相关说明来安装，在安装的过程中建议选用中等强度的螺纹胶。在安装主轴固定座时建议先将主轴插入主轴固定座内，如图1-50所示。为确保主轴同心度一致，建议在安装每一颗螺栓时确保孔位工整对齐以缩小误差，并参照标

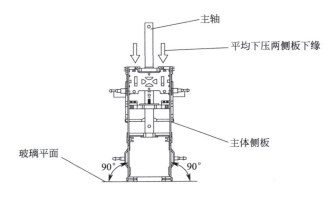

图1-50 机身安装

准：主轴插入主轴固定座内顺畅，并可以自由下落至第三轴承座内；如不顺畅可以先将螺栓松出半圈，然后敲打主轴直至顺畅后将所有螺栓锁紧。

### (3) 尾旋翼桨毂的装配

尾旋翼桨毂的装配标准与主旋翼桨毂的装配标准大体相似。在安装尾旋翼桨毂时同样也要注意止推轴承的正确安装。安装尾旋翼轴变距滑套及其他活动关节时注意选取合适的螺纹胶，同样在安装完成后要保证每个活动关节能够顺畅运转，如图1-51所示。

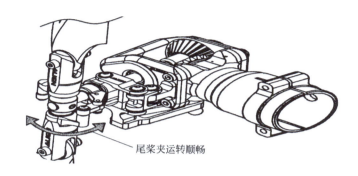

图1-51 尾旋翼桨毂的安装

### (4) 舵机与舵臂的安装

根据产品安装说明把舵机安装至机身相应的位置，并注意自动倾斜器舵机的安装。在安装舵机前建议首先使用相应的电子设备选取舵机的中立点，也可在舵机安装后在舵臂安装时进行中立点的选取。在安装自动倾斜器的舵臂时要确保三台舵机的舵臂安装水平，这样可以保证舵机在运动时的上下行程基本一致，如图1-52所示。其次，尾舵机臂安装时同样也要进行中立点的选取，以确保舵机臂的运动行程左右一致，如图1-53所示。

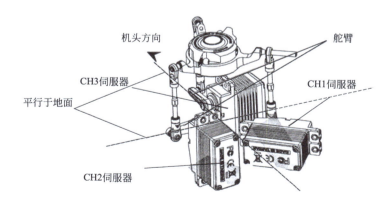

图1-52 自动倾斜器舵机的安装

### (5) 旋翼的安装

在安装旋翼（主旋翼与尾旋翼）时，螺栓不易安装过紧。要保证大桨转动时，可以通过离心力将大桨甩直。如果安装过紧，可能会导致大桨通过离心力无法甩开，造成机身抖动。

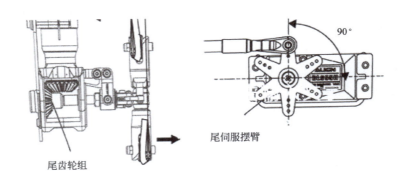

图 1-53 尾舵机臂的安装

 **任务实施**

### 1.2.5 无人直升机动力装置的拆装

无人直升机电机拆装的操作步骤及说明见表 1-6。

表 1-6 无人机直升机电机拆装的操作步骤及说明

| 操作步骤 | 操作说明 | 示意图 |
| --- | --- | --- |
| 1 | 将无刷电机固定座周边的相关螺栓拆除 | |
| 2 | 拆卸电机固定座左右两侧的固定螺栓 | |
| 3 | 拆除电机固定座上方的两颗固定螺栓 | |

续表

| 操作步骤 | 操作说明 | 示意图 |
|---|---|---|
| 4 | 取下电池固定魔术绑带 |  |
| 5 | 拆卸电池固定座上的相关固定螺栓 |  |
| 6 | 待电机固定座上的所有相关螺栓拆除后,可以将电机固定座从机身上取下 | 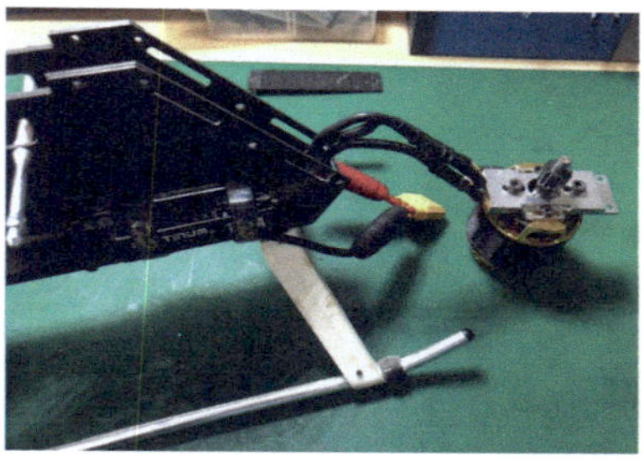 |
| 7 | 断开无刷电机与电子调速器间的连接。至此动力系统的无刷电机方可彻底拆下 |  |
| 8 | 拆除电子调速器两侧的固定魔术绑带 | 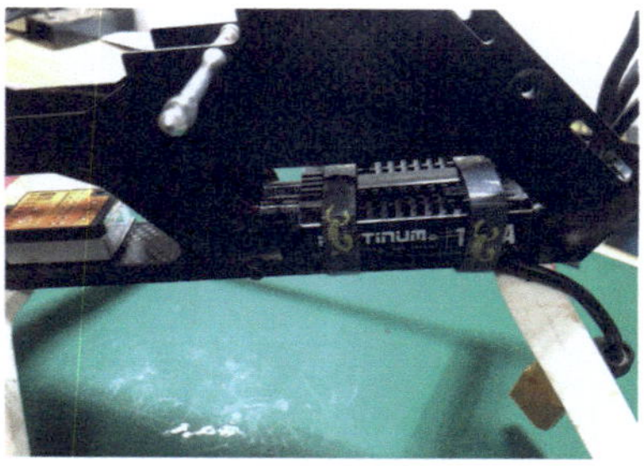 |

续表

| 操作步骤 | 操作说明 | 示意图 |
|---|---|---|
| 9 | 待魔术绑带拆除后,电子调速器可以很容易地从机身上取下(通常情况下电子调速器一般用双面胶与尼龙扎带或魔术绑带进行固定,因此拆卸相对简单) | 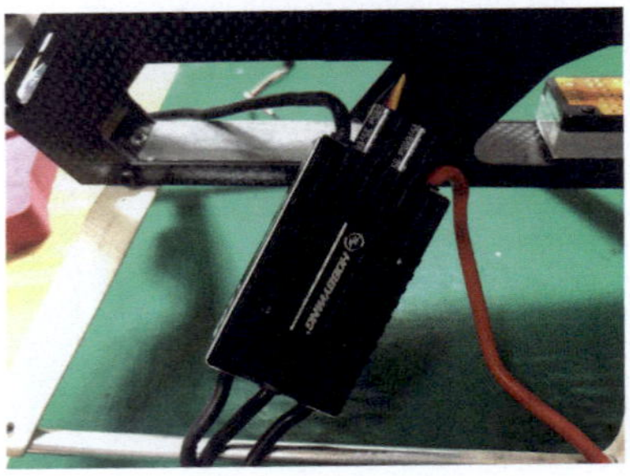 |

### 1.2.6 主旋翼与自动倾斜器的拆装

主旋翼与自动倾斜器拆装的操作步骤及说明见表 1-7。

表 1-7 主旋翼与自动倾斜器拆装的操作步骤及说明

| 操作步骤 | 操作说明 | 示意图 |
|---|---|---|
| 1 | 确定主旋翼的固定螺栓型号,并选择合适的螺钉旋具进行拆卸 | 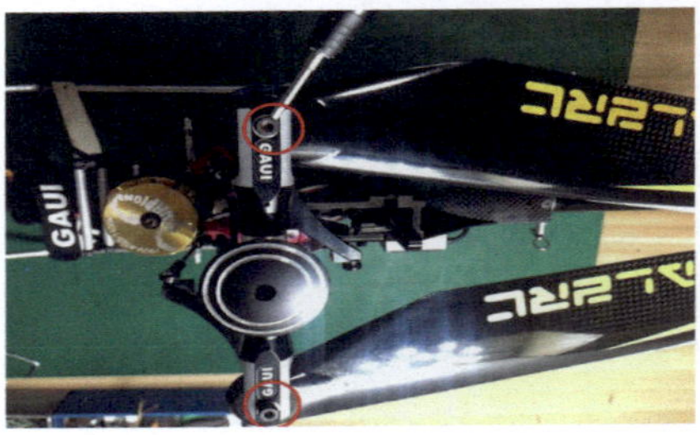 |
| 2 | 拆下主旋翼的固定螺栓后取下主旋翼 | 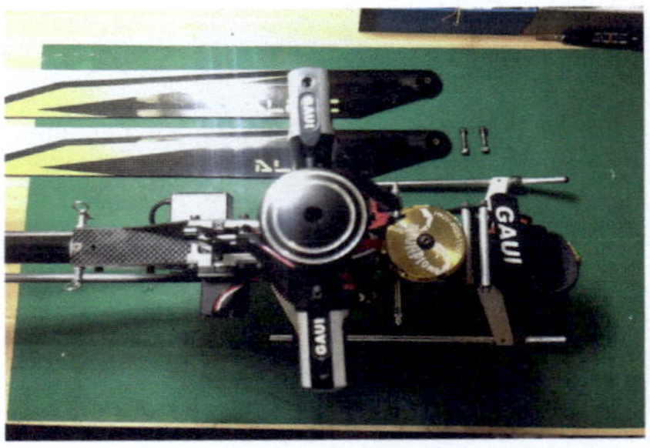 |
| 3 | 拆下旋翼头总成上的所有球头拉杆(拆卸球头扣时可以选用专用拆卸工具——球头钳进行拆卸) | 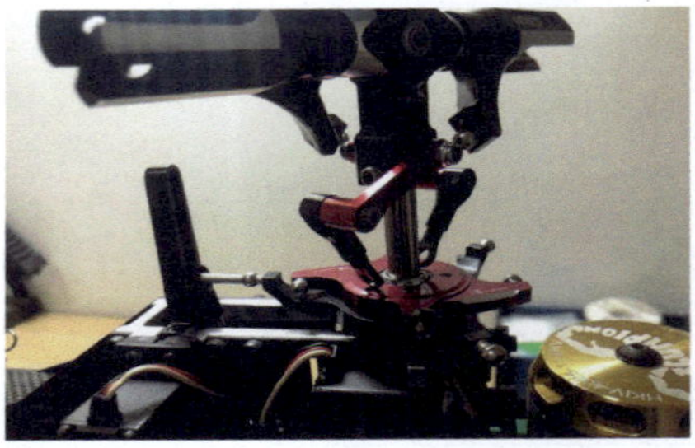 |

续表

| 操作步骤 | 操作说明 | 示意图 |
|---|---|---|
| 4 | 选用合适的内六角螺钉旋具及其他辅助工具,将主轴与减速齿轮之间的固定螺栓拆下 | 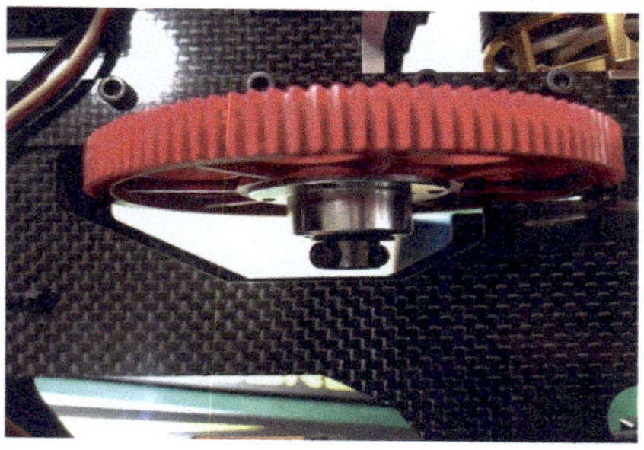 |
| 5 | 选用合适的内六角螺钉旋具,将倾斜盘导轨左右两侧的螺栓拆除 |  |
| 6 | 待主轴与减速齿轮之间的螺栓以及倾斜盘导轨上的螺栓拆除后,取下旋翼头总成 | 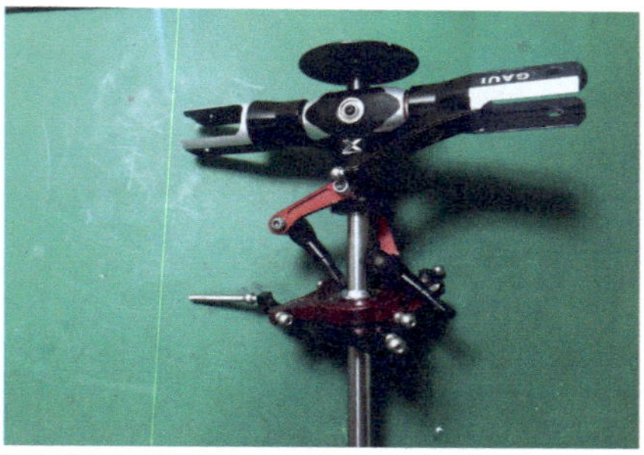 |
| 7 | 选用合适的内六角螺钉旋具,拆卸主轴与旋翼头之间的固定螺栓以及相位臂螺栓 | 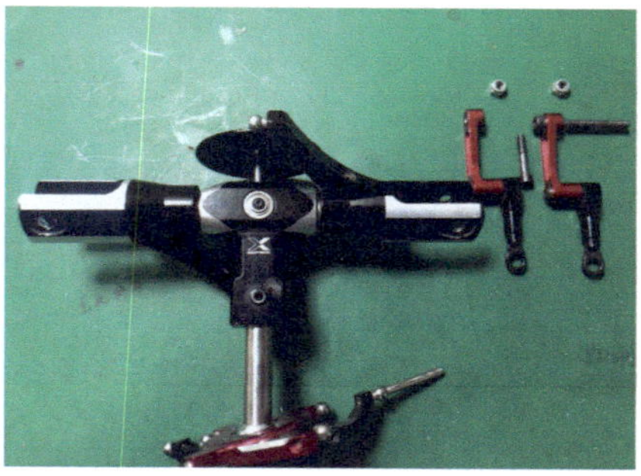 |
| 8 | 将旋翼头与主轴分离 | 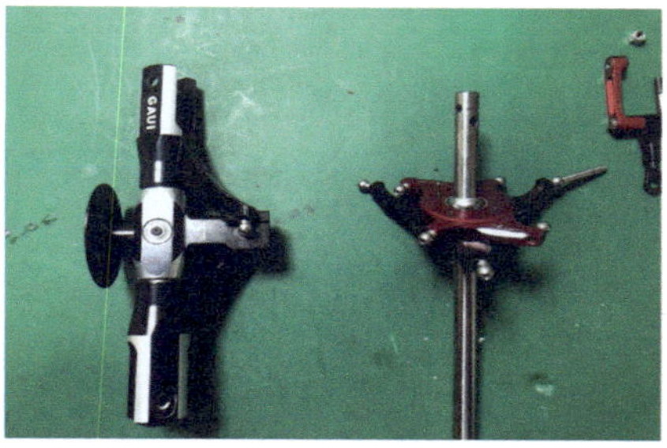 |

续表

| 操作步骤 | 操作说明 | 示意图 |
|---|---|---|
| 9 | 在所有旋翼头总成上的零部件拆除后,将主轴与倾斜盘分离 | 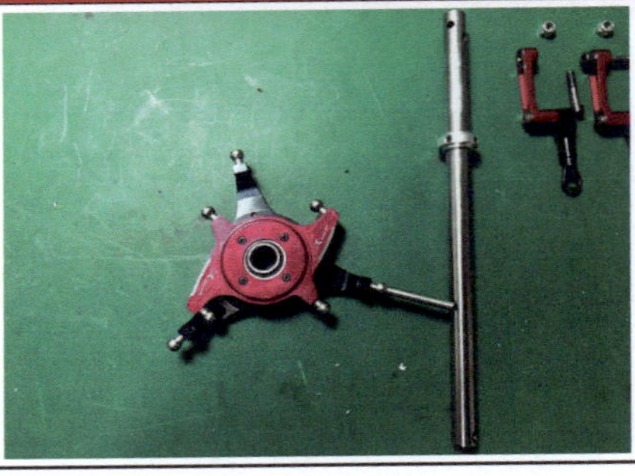 |

### 1.2.7 尾桨与舵机的拆装

尾桨与舵机拆装的操作步骤及说明见表 1-8。

表 1-8 尾桨与舵机拆装的操作步骤及说明

| 操作步骤 | 操作说明 | 示意图 |
|---|---|---|
| 1 | 通常情况下,无人直升机装有 3 台伺服舵机以控制倾斜盘的运动。这里以拆卸后置舵机为例进行说明 | 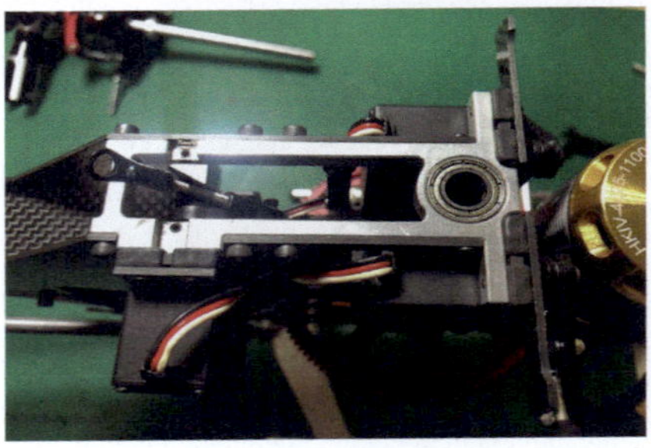 |
| 2 | 首先选用合适螺钉旋具将伺服舵上的 4 颗固定螺栓拆下 | 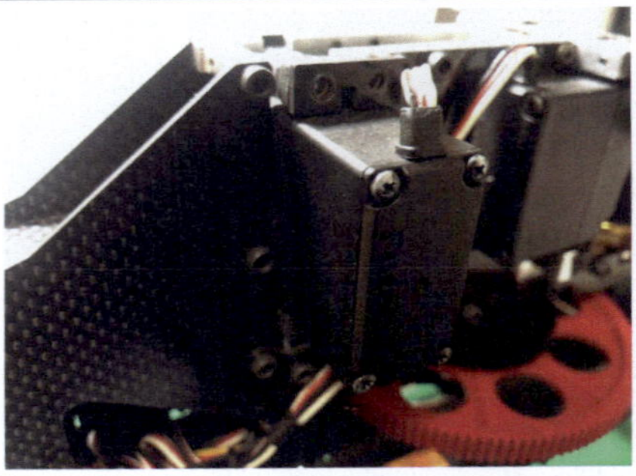 |
| 3 | 待 4 颗固定螺栓拆除后,将舵机的固定螺栓的碳纤维垫片取下 |  |

续表

| 操作步骤 | 操作说明 | 示意图 |
|---|---|---|
| 4 | 将舵机控制线上先前固定的尼龙扎带拆除 | 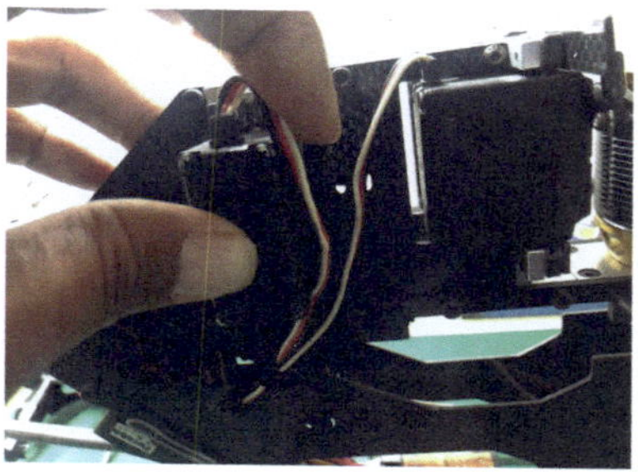 |
| 5 | 待舵机上所有固定螺栓及舵机控制线上的所有尼龙扎带拆除后,取下控制舵机 |  |
| 6 | 待舵机拆除后,选用合适的螺钉旋具将尾旋翼拆除 |  |
| 7 | 拆下尾旋翼的桨夹上的2颗固定螺栓 | 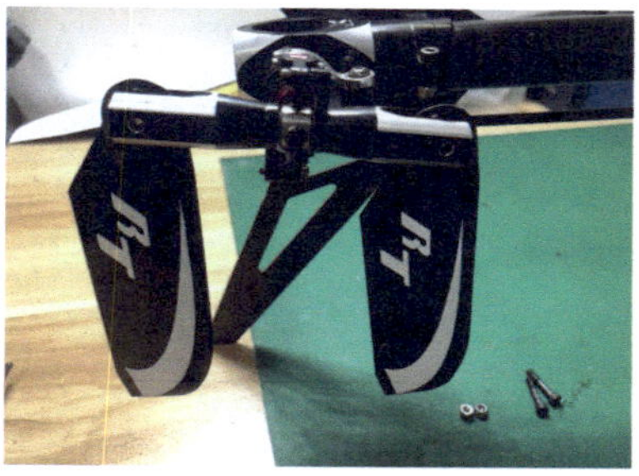 |
| 8 | 待2颗固定螺栓拆下后,则可以从尾桨夹上面拆除尾旋翼 | 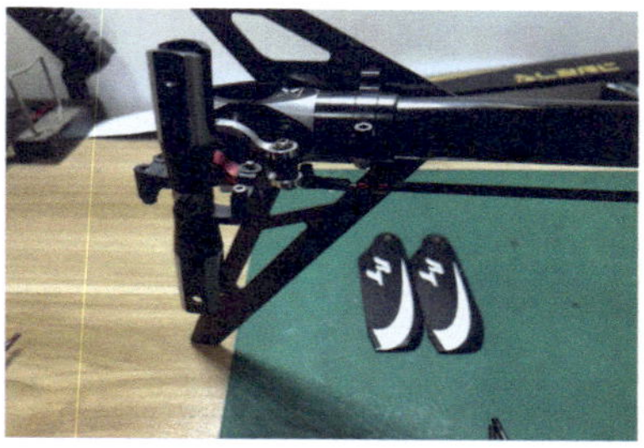 |

续表

| 操作步骤 | 操作说明 | 示意图 |
|---|---|---|
| 9 | 在所有旋翼头总成上的零部件拆除后,将主轴与倾斜盘分离 | 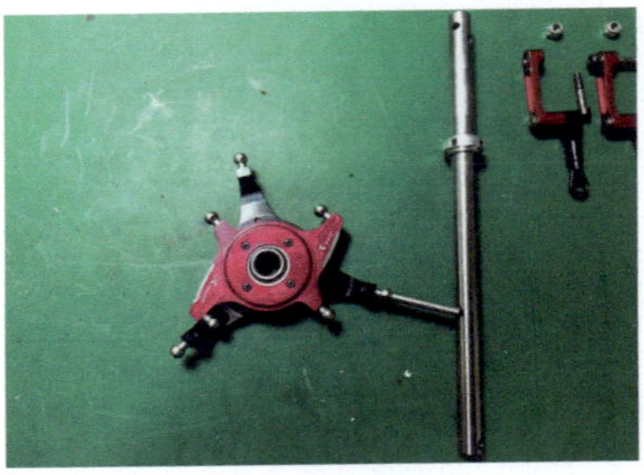 |

### 1.2.8　飞控、接收机与数传电台的安装

无人直升机飞控、接收机和数传电台安装的操作步骤及说明见表1-9。

表1-9　无人直升机飞控、接收机和数传电台安装的操作步骤及说明

| 操作步骤 | 操作说明 | 示意图 |
|---|---|---|
| 1 | 安装飞控主控器到无人直升机设备舱前端,并用双面减振胶固定 |  |
| 2 | 将舵机控制线插入主控器对应的位置接口(安装舵机控制线时要仔细阅读安装说明书,避免安装错误) | 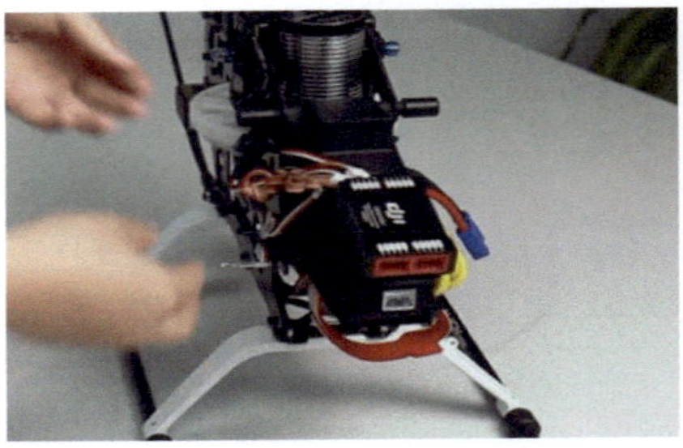 |
| 3 | 根据安装说明书,用杜邦线将飞控与接收机连接(注意避免杜邦插头反插) | 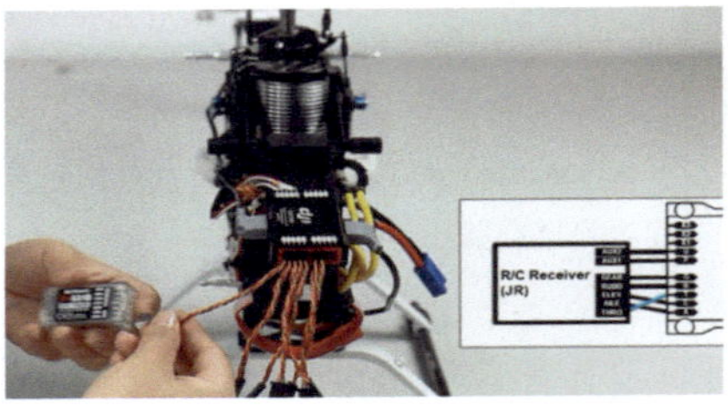 |

续表

| 操作步骤 | 操作说明 | 示意图 |
| --- | --- | --- |
| 4 | 待接收机的连接完成后,将接收机用双面胶固定在合理位置 | 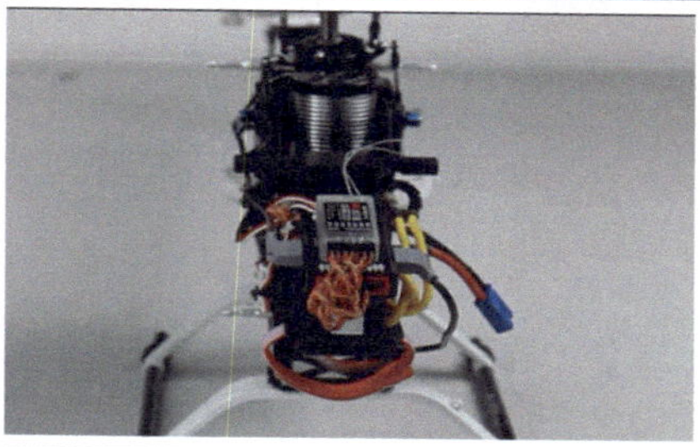 |
| 5 | 安装飞控IMU惯性测量单元时,要选择合适位置安装(注意:尽量远离机体振荡较大的位置,并选用性能较好的减振胶进行固定) | 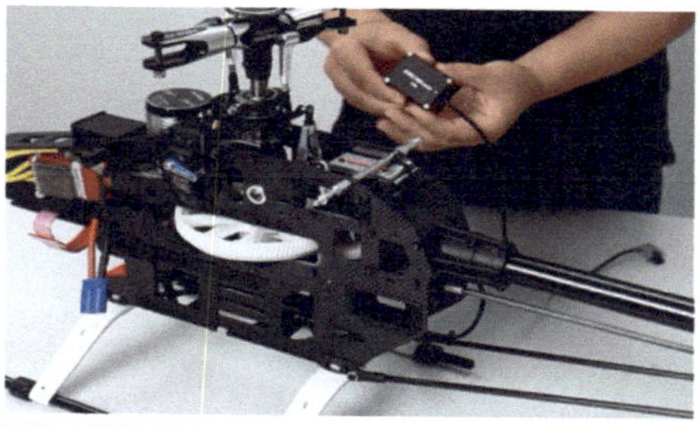 |
| 6 | 安装飞控IMU惯性测量单元到无人直升机的尾管固定座上,并根据飞控安装说明书,将IMU插入飞控主控器的对应位置接口 |  |
| 7 | 安装GPS固定支架至尾管上 | 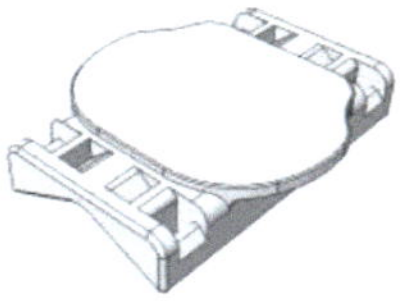 |
| 8 | 选用双面胶将GPS安装至GPS固定支架上。待安装完成后,根据飞控安装说明书,将GPS线束安装至主控器的对应接口 | 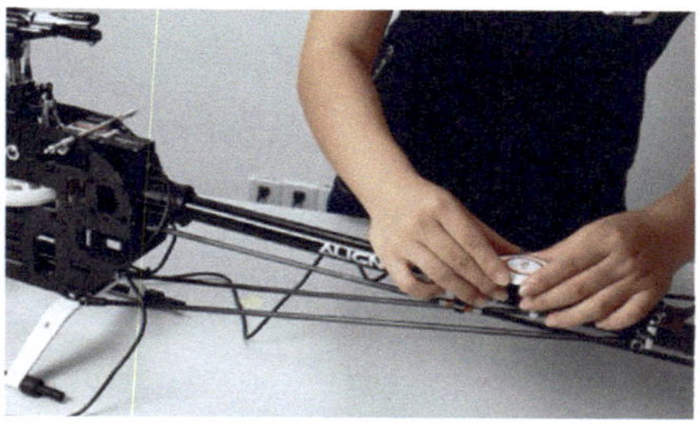 |
| 9 | 将数传电台安装至机身合理位置并用双面胶进行固定,同时将数传电台接入飞控系统中CAN端口即可 |  |

**任务测评**

1. 简述无人直升机的动力系统的组成和作用。
2. 简述无人直升机的尾桨的作用和安装方法。

*任务反馈*

# 项目 2
# 动力装置的维护维修

 项目描述

▶ 项目引入

无人机的动力装置是无人机的主要组成部分,是无人机的动力来源,并且是无人机正常飞行的根基。动力装置的维护维修的好坏直接关系到无人机的安全使用,因此需要对此格外重视。本项目重点通过活塞发动机的维护维修、电机的更换和保养和动力能源的维护三个方面进行系统阐述。希望通过此项目的学习,学生能系统掌握动力装置的原理和相关维护维修操作。

▶ 知识、技能分解思维导图

### ▶ 素质培养——工匠精神

动力装置维护维修的好坏很大程度决定了飞行的安全,因此我们要用工匠的精神做好这方面的工作。工匠精神的内涵是执着专注、精益求精、一丝不苟、追求卓越。应鼓励学生专注于无人机细分领域,针对无人机动力装置的维护或维修过程全身心投入,精益求精、一丝不苟地完成所有工序。

### ▶ 任务提出

在初级阶段的教材中,已经对动力装置有个简单的学习。在中级阶段,我们将进一步学习动力装置的维护维修,主要包括油动发动机(比如活塞发动机)的使用和保养,以及电机的润滑、更换等知识与操作。

*知识与技能要点记录*

# 任务 2.1　活塞发动机的维护维修

## 知识准备

### 2.1.1　活塞式发动机的基础知识

活塞式发动机又叫往复式发动机,是通过燃料在发动机气缸内部进行燃烧,并将燃料的化学能转变成热能,然后通过热能推动气缸内的活塞做功,最后转变成机械能的机器。活塞式发动机是内燃机的一种,靠汽油和柴油等燃料提供动力。活塞式发动机主要由气缸、活塞、连杆、曲轴、气门机构、螺旋桨减速器和机匣等组成,如图 2-1 所示。

根据发动机的工作原理不同,还可以分为二冲程发动机和四冲程发动机。

(1) 二冲程发动机

二冲程发动机结构,如图 2-2 所示,二冲程发动机是在两个行程内完成一个工作循环的发动机。

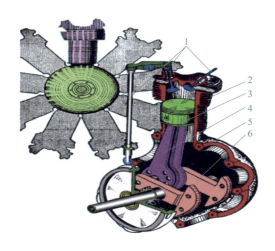

图 2-1　活塞式发动机的组成示意图
1—气门机构；2—气缸；3—活塞；
4—连杆；5—机匣；6—曲轴

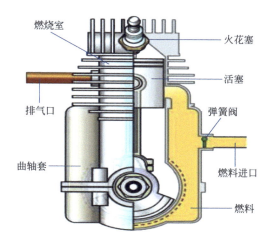

图 2-2　二冲程发动机结构图

二冲程发动机进气、压缩、做功(燃烧)和排气这 4 个步骤是曲轴旋转一圈完成的,且曲轴每旋转一圈,发动机对外做功一次。二冲程发动机的进气孔和排气孔都设置在缸体上,活塞的上下移动就能打开或关闭气孔,实现进气和排气。其工作原理如图 2-3 所示。

(2) 四冲程发动机

四冲程发动机结构如图 2-4 所示。四冲程发动机的工作循环由 4 个活塞行程组成,即进气行程、压缩行程、做功行程和排气行程,其工作原理如图 2-5 所示。四冲程发动机是由进气、压缩、做功和排气这四个过程来完成的,这四个过程构成了一个工作循环。在一个工作循环中,活塞要在气缸内往返 4 个行程(即曲轴旋转 2 圈)。

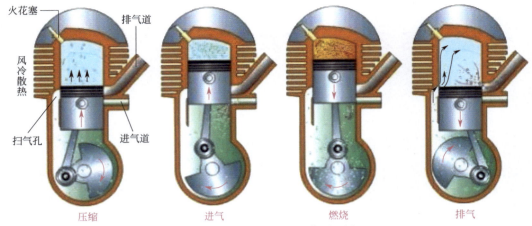

图 2-3　二冲程发动机工作原理图

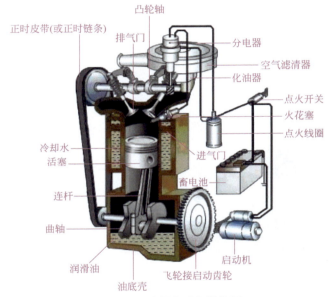

图 2-4　四冲程发动机结构图

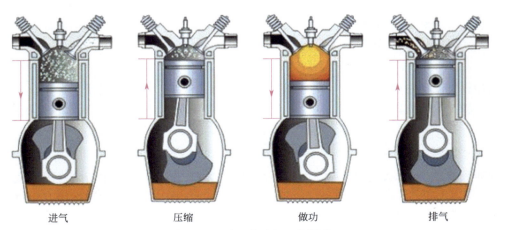

图 2-5　四冲程发动机工作原理

## 2.1.2 火花塞

火花塞主要是起点燃可燃混合气体的作用,主要由接线螺母、绝缘体、接线螺杆、中心电极、侧电极以及外壳组成,侧电极焊接在外壳上,如图2-6、图2-7所示。

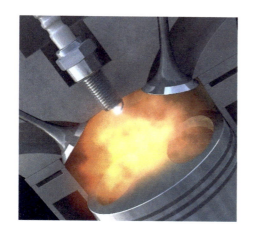

图2-6 火花塞点火

图2-7 火花塞构造图

保养及维护方面:火花塞的寿命很大程度上依赖于陶瓷体的清洁度。灰尘、油脂和指印都会降低橡胶套与陶瓷体之间的紧密贴合程度,因此须保持清洁。

火花塞故障表现:发动机启动比较困难,发动机工作时有明显的顿挫感、怠速抖动,发动机加速性能下降或油耗变大。若出现以上现象,须察看火花塞是否损坏。

## 2.1.3 化油器

化油器是在发动机工作所产生的真空作用下,将一定比例的汽油与空气混合的机构。化油器如图2-8所示。其完整的装置应包括启动装置、怠速装置、中等负荷装置、全负荷装置和加速装置。

化油器会根据发动机的不同工作状态需求,自动配比出相应的浓度,输出相应量的混合气。为了使配出的混合气混合得比较均匀,化油器还具备使燃油雾化的效果,以供发动机正常运行。

化油器作为一种精密的机械装置,它对发动机具有重要作用,因此可以被称为发动机的"心脏"。从专业角度来看,化油器本身的故障率是极低的,但在实际使用中化油器故障率往往并不低。原因有以下两点:

① 由于发动机的所有工作特性均与化油器相关,如加速、过渡、油耗等。因此,在判断发动机所发生的性能故障原因时,往往会将电气元件或其他机械部件的故障与化油器混为一谈,误判为化油器故障而更

图2-8 化油器

换化油器。例如，滤清器失效使杂质堵塞化油器，更换新化油器故障消除，但没有解决根本问题。

② 相关零部件的质量问题使化油器使用寿命大大缩短。例如清洁度的降低会增大化油器零部件的磨损等。

化油器比较常见的几种故障现象有：启动困难、怠速不稳、过渡不良、动力不足、漏油、油耗高等，以上仅仅选取了化油器方面的故障进行分析。但实际上从整机角度而言，造成上述故障现象的因素很多。例如，点火系统紊乱、火花塞电极间隙变化等均会引起启动困难现象。部分操作人员为减小发动机缸头声响，往往将发动机气门间隙调整过小，导致发动机进排气状态恶化，发生怠速不稳甚至无怠速现象。因此，操作人员要根据故障状况具体分析。

化油器的正常维护实际上就是保持化油器出厂时的清洁度。为保证化油器的正常使用，必须注意对化油器进行正常的维护：定期清洗化油器，保持化油器油道、气道的清洁及细小孔径的通畅。这对延长化油器使用寿命也是相当重要的。很多化油器性能方面的故障都可通过定期清洗化油器加以解决。

### 2.1.4 油针

油针开度调节的主要作用是根据插入主喷油孔的长度的不同，为发动机提供不同浓度的可燃混合气，以满足发动机不同状态下的需求，如图 2-9 所示。

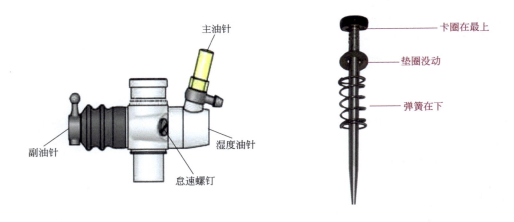

图 2-9 油针

油针的位置调整会直接导致化油器混合比的明显变化，虽然在不同格均有可能顺利启动，但在正常行驶的状态下在某些格会导致发动机出现不同的故障，比如加油熄火、缸头燃烧不充分、排气管冒黑烟等一系列的问题。

无人机的化油器是一个相对简单的供油系统，但在不了解这个供油系统的前提下如果自行调整，根本就达不到预期的效果，甚至会越调越差，所以千万不要随意调整化油器，一定要结合无人机表现再作打算。

化油器有两个油针，它们分别是主油针和浮针，其中主油针主要起控制燃流量大小的作用。通常情况下所说的调油针就是特指主油针的调整。

## 2.1.5 润滑系统

发动机的润滑系统主要由机油泵、机油集滤器、油底壳、机油滤芯、主油道、回油通道、缸盖油道、机油加注口等组成，如图 2-10 所示。

润滑系统的作用：将润滑油不断地供给发动机各零件的摩擦表面，以减少零件的磨损，并带走摩擦表面上的磨削等杂质，冷却摩擦表面，提高气缸的密封性。由于润滑油黏附在零件表面上，因此避免了零件与空气、水、燃气等的直接接触，起到了减轻零件锈蚀和化学腐蚀的作用。

机油的作用：润滑、冷却、清洁、密封和防腐蚀。

在发动机工作时，由于各运动零件的位置、相对运动速度、承受的机械负荷和热负荷等不同，对润滑强度的要求也不同。为保证各运动零件润滑可靠，并尽可能简化润滑系统的结构，在发动机润滑系统中，根据各部位的工作特点采取了不同的润滑方式，有以下三种方式。

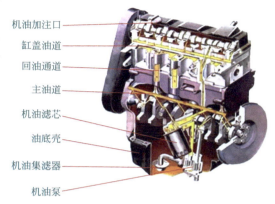

图 2-10　发动机的润滑系统

**(1) 压力润滑**

该方法利用润滑油泵将具有一定压力的润滑油输送到摩擦表面进行润滑。发动机上一些机械负荷大、相对运转速度高的零件都会采用这种润滑方式，例如，主轴颈与主轴承、连杆轴颈与连杆轴承、凸轮轴轴颈与凸轮轴轴承等。采用压力润滑比较可靠，但必须有专门的油道输送润滑油。

**(2) 飞溅润滑**

该方法是依靠运动零件飞溅起来的或者从专门的油孔中喷出的润滑油滴或油雾对摩擦表面进行润滑。发动机上的一些外露位置、机械负荷较小的零件或者相对运转速度比较低的零件一般采用这种润滑方式，例如，活塞与气缸壁、凸轮与挺杆、活塞衬套等。飞溅润滑的可靠性较差，但结构简单。在活塞与气缸壁间采用飞溅润滑，还可以防止由于润滑油压力高而进入燃烧室参加燃烧，导致润滑油消耗异常、发动机工作恶化等。

**(3) 润滑脂润滑**

该方法是采用定期加注润滑脂对摩擦表面进行润滑。发动机的一些不太重要、比较分散的部位一般采用此润滑方式，例如，水泵轴承、发电机轴承、球笼等。

 **任务实施**

### 2.1.6 火花塞的更换

火花塞更换的操作步骤及说明见表 2-1。

更换火花塞

表 2-1　火花塞更换的操作步骤及说明

| 操作步骤 | 操作说明 | 示意图 |
| --- | --- | --- |
| 1 | 准备拆卸火花塞所需的扳手、长接杆和六角套筒 | 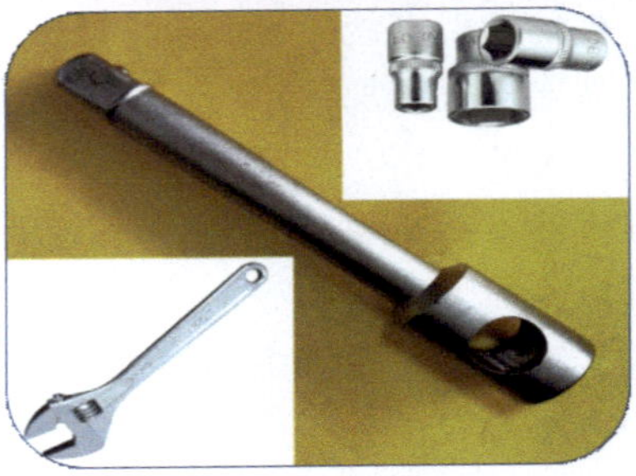 |
| 2 | 发动机冷却后清理点火线及其周围的灰尘和油污,然后拔下点火线圈的线束插头,并用套筒拧下点火线圈的固定螺栓 | 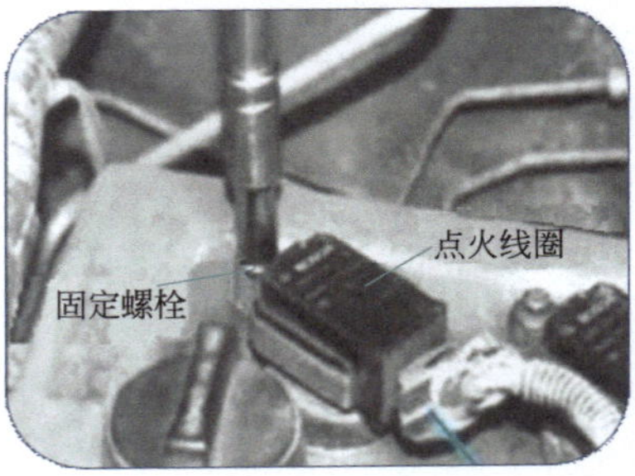 |
| 3 | 点火线圈与缸体之间用橡胶密封,拔出时须用力拆卸点火线圈 | 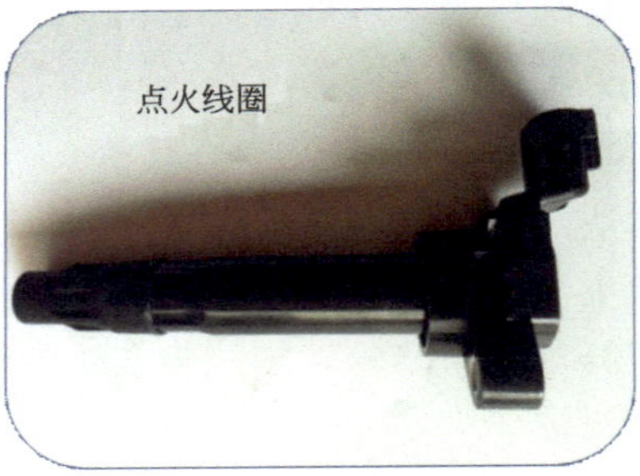 |
| 4 | 取下点火线圈后,用套筒把火花塞拧松。当旋松所要拆卸的火花塞后,用一根细软管吹净火花塞周围污物,防止它们掉入缸体内 |  |
| 5 | 检查新火花塞的电极间隙,火花塞的电极间隙一般可按 0.7～0.9mm 调整 | 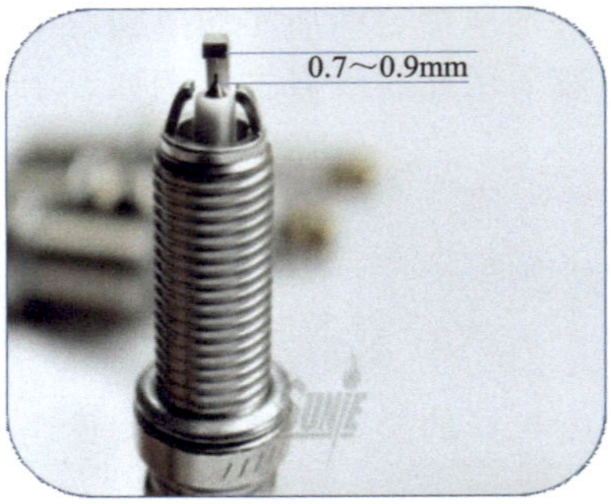 |

续表

| 操作步骤 | 操作说明 | 示意图 |
|---|---|---|
| 6 | 安装火花塞时,先将火花塞放进套筒里,然后使用扭力扳手紧固火花塞,一般拧紧力矩为20N·m | 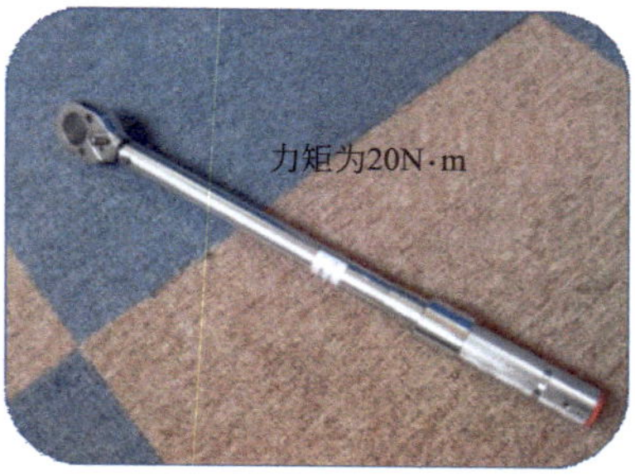 |

## 2.1.7 化油器的拆装

化油器拆装的操作步骤及说明见表 2-2。

表 2-2 化油器拆装的操作步骤及说明

| 操作步骤 | 操作说明 | 示意图 |
|---|---|---|
| 1 | 准备螺钉旋具,拆下化油器 |  |
| 2 | 拆掉化油器的固定架和风门把手 | 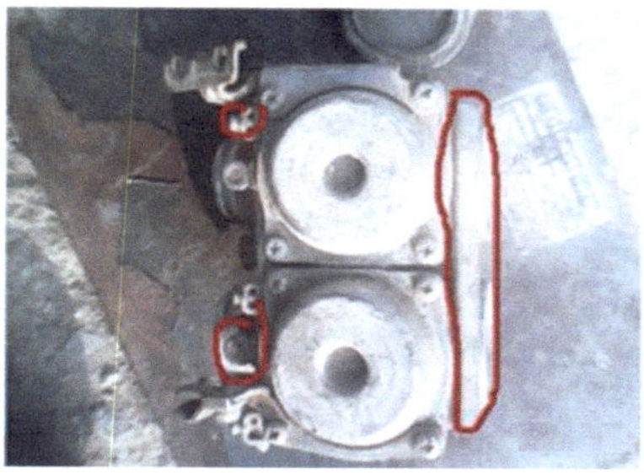 |
| 3 | 卸掉化油器底壳的四个螺栓 |  |

续表

| 操作步骤 | 操作说明 | 示意图 |
|---|---|---|
| 4 | 打开底壳,看到溢油孔(小红圈),还可以看到风门吸油孔(大红圈的位置),这两个孔要清洗以避免堵塞,溢油孔堵塞会导致混合比过浓,容易造成淹缸、风门吸油孔堵塞和冷启动能力下降 |  |
| 5 | 翻转化油器,可以看到化油器内部的基本结构,有主量孔、副量孔还有浮子以及油针座 |  |

## 2.1.8 化油器的清洗

化油器清洗的操作步骤及说明见表2-3。

表 2-3 化油器清洗的操作步骤及说明

| 操作步骤 | 操作说明 | 示意图 |
|---|---|---|
| 1 | 先拔掉浮子的穿销,然后卸掉浮子和油针 | 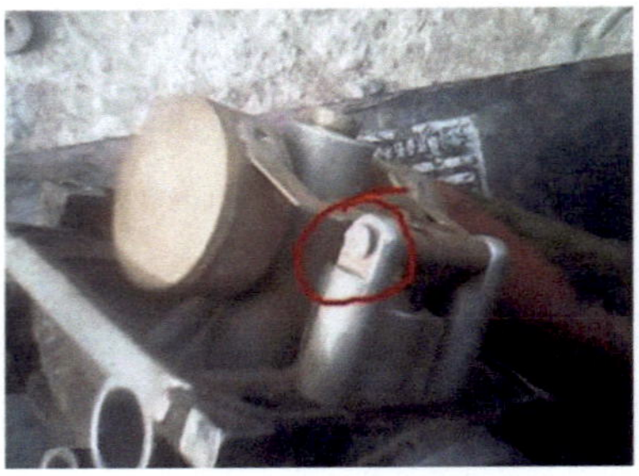 |
| 2 | 检查油针和浮子有没有破损,无破损可以用,不然就要换掉 |  |

续表

| 操作步骤 | 操作说明 | 示意图 |
|---|---|---|
| 3 | 拆掉主量孔、副量孔以及油针座 | 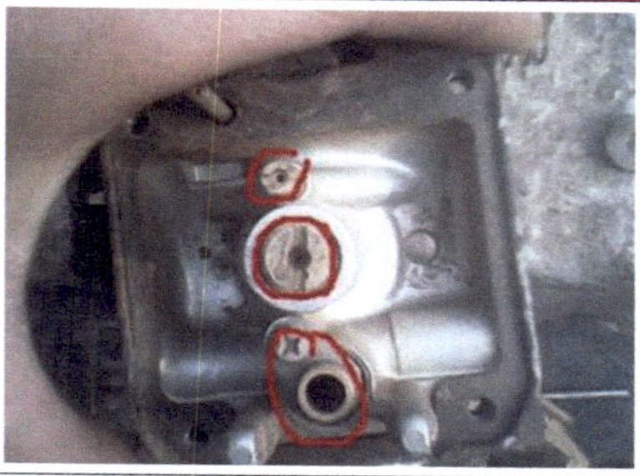 |
| 4 | 清洗油针座的铁丝网 |  |
| 5 | 卸掉真空膜片的盖子 | 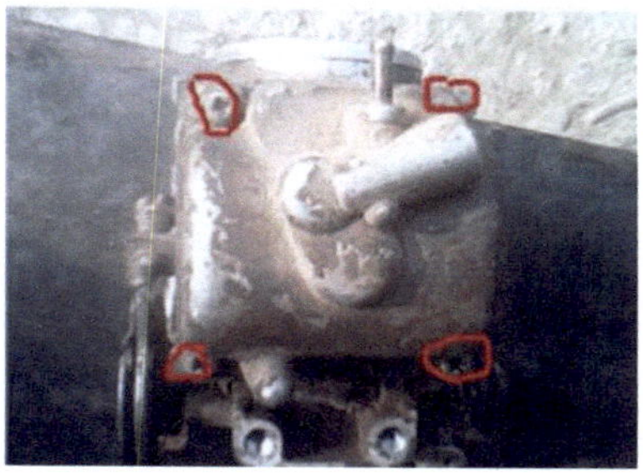 |
| 6 | 取下弹簧和真空柱塞,并用化油器清洗剂清洗 | 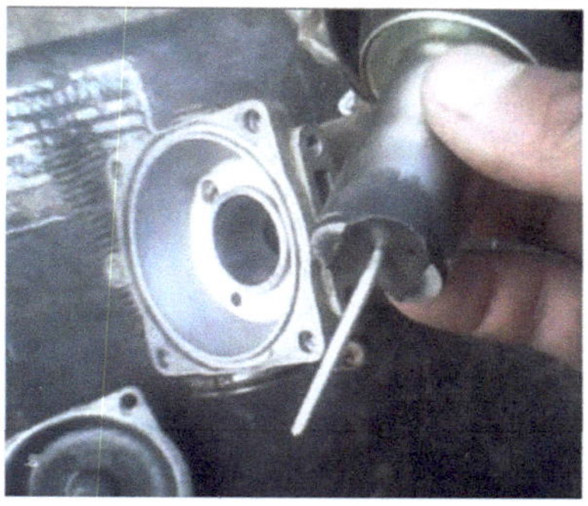 |
| 7 | 翻转化油器,把主油针的雾化孔取下来,用化油器清洗剂清洗 |  |

## 2.1.9 轴润滑的操作

轴润滑的操作步骤及说明见表2-4。

表 2-4 轴润滑的操作步骤及说明

| 操作步骤 | 操作说明 | 示意图 |
|---|---|---|
| 1 | 拆下左曲轴箱盖下面的机油滤清器盖,取出滤网 | 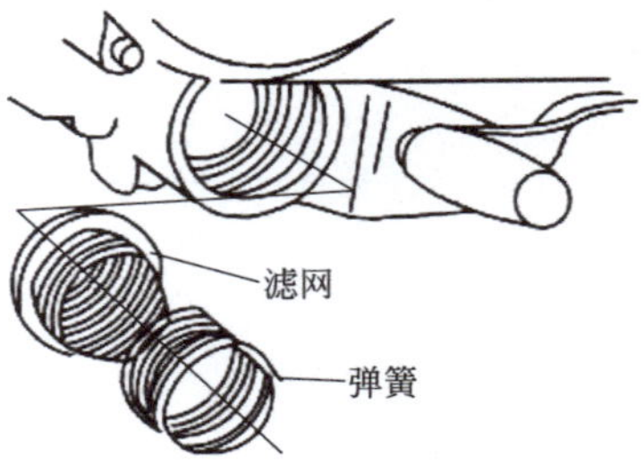 |
| 2 | 将滤网放入煤油里进行清洗,清洗后用压缩空气将滤网吹干净 | 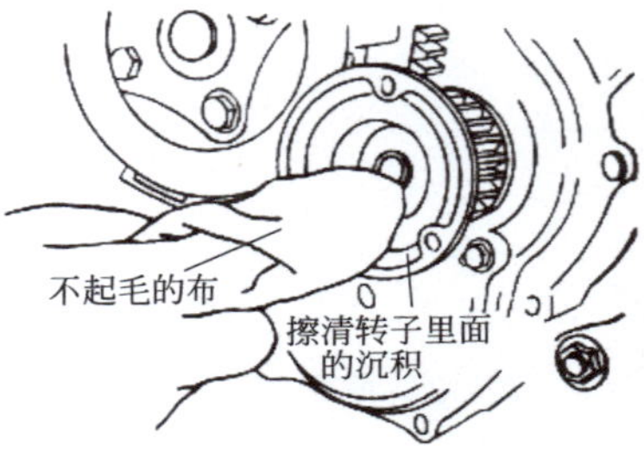 |
| 3 | 用梅花扳手把曲轴箱下部的放油旋塞拧开 |  |
| 4 | 应一边按着一边往下拧,将旋塞拔出,放净原存旧油 |  |

 **任务测评**

1. 简述二冲程发动机的构成和工作原理。
2. 简述火花塞的更换步骤。

*任务反馈*

# 任务 2.2　电机的更换和保养

## 知识准备

### 2.2.1　电机更换和保养的意义

虽然无刷电机通常的使用寿命在几万小时这个数量级，但是在使用过程中难免会出现问题。例如无人机在飞行过程中操作失误或机械故障导致的"炸机"，摔坏电机；或者在野外作业时，长时间没有对电机内部进行清理，导致电机内部的漆包线出现短路从而烧坏电机；又或者电机进水，导致电机内部短路，烧坏电机；等等。所以，能够根据要求合理地掌握电机的更换是无人机操作人员的必备技能。

### 2.2.2　电机更换和保养的具体方法

**(1) 避免电机长期工作在高温环境**

电机长期处于100℃以上的高温环境，将对电机的各个系统造成损伤。

① 钕铁硼磁铁不耐高温，在接近其耐温极限时，将持续性地发生退磁，温度越高其退磁的速度也越快。退磁后电机磁性降低，扭矩减小，电机性能受到不可逆的损伤。

② 轴承不可长期工作在高温环境，高温将使轴承内部润滑油挥发，并且滚珠会因为高温发生形变，从而加速磨损。

电机检查

**(2) 避免电机进水，保持内部干燥**

进水将有可能导致轴承生锈，加速轴承磨损，降低电机寿命。另外，包括硅钢片、转轴、电机外壳也都有生锈的可能。

**(3) 定时检查电机轴承磨损情况**

电机轴承的检查方法是：去掉螺旋桨驱动电机，正常的转动没有杂音，声音浑厚；如果声音带杂音，并且有类似有沙子在内部的杂音，则轴承有损伤，需要更换。

**(4) 定时检查电机的动平衡情况**

电机动平衡的检查方法是：去掉螺旋桨驱动电机，正常的电机转动有较轻微的振动，如果电机动平衡失效，则电机振动较大，会产生高频振动。

## 任务实施

### 2.2.3　电机的换向操作

电机换向的操作步骤及说明见表 2-5。

表 2-5　电机换向的操作步骤及说明

| 操作步骤 | 操作说明 | 示意图 |
|---|---|---|
| 1 | 将电机与电机座正面螺栓拆下 | 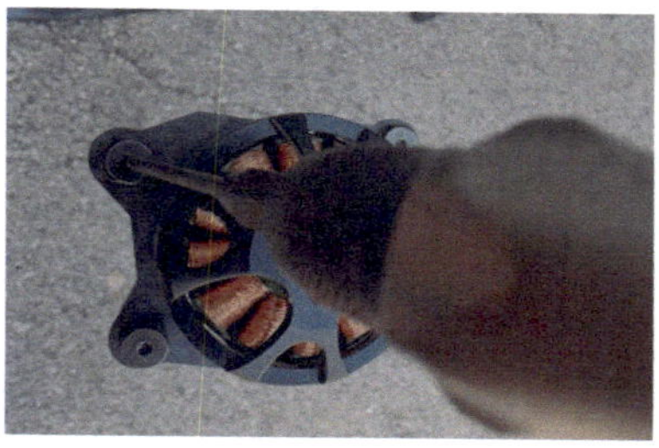 |
| 2 | 将电机与电机座背面螺栓拆下 |  |
| 3 | 记录下当前电机与电调线的连接顺序 | 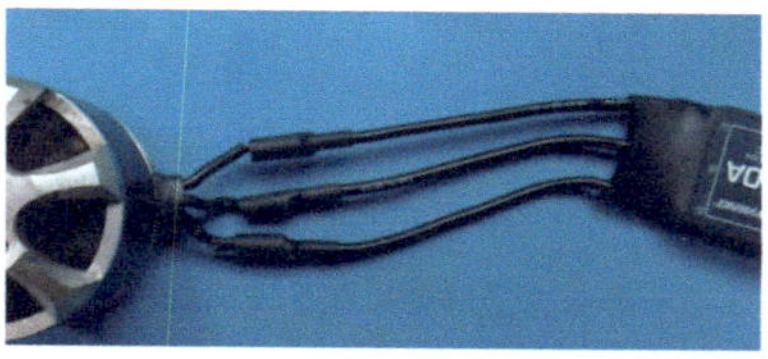 |
| 4 | 任意交换其中两根电调与电机的连线，并将连接处焊接完好 | 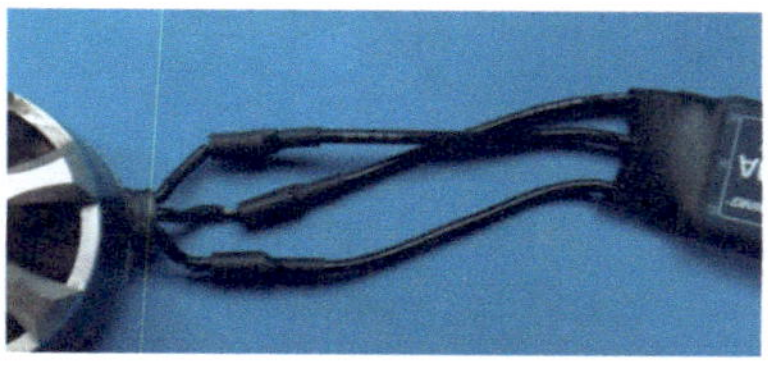 |
| 5 | 重新装回电机，即可完成电机换向操作 |  |

## 2.2.4　电机的轴润滑操作

电机轴润滑的操作步骤及说明见表 2-6。

表 2-6 电机轴润滑的操作步骤及说明

| 操作步骤 | 操作说明 | 示意图 |
| --- | --- | --- |
| 1 | 选择需要进行润滑维护的电机 |  |
| 2 | 选择适合的内六角螺钉旋具将电机从电机座上拆下 |  |
| 3 | 使用卡簧钳将电机底部的卡簧拆下 |  |
| 4 | 将电机转子与定子用力拔开,切记不要使用坚硬或锋利的工具进行拆卸,防止对电机定子线圈造成损伤 |  |
| 5 | 将图中内定子里面箭头指向处的轴承涂上润滑脂(油),切记不要过多,适量即可 | 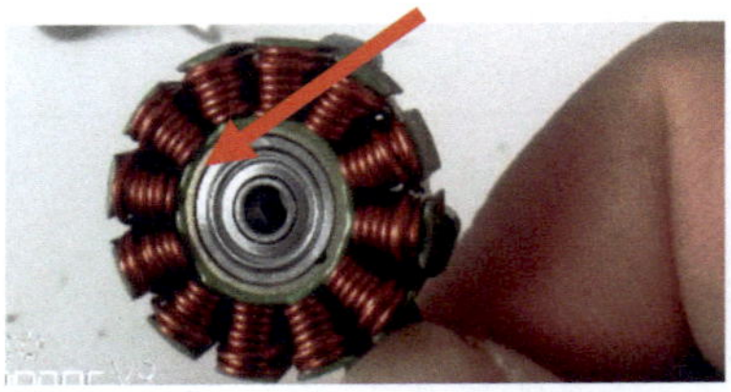 |

续表

| 操作步骤 | 操作说明 | 示意图 |
|---|---|---|
| 6 | 将图中内定子背面箭头指向处的轴承涂上润滑脂(油),切记不要过多,适量即可 | 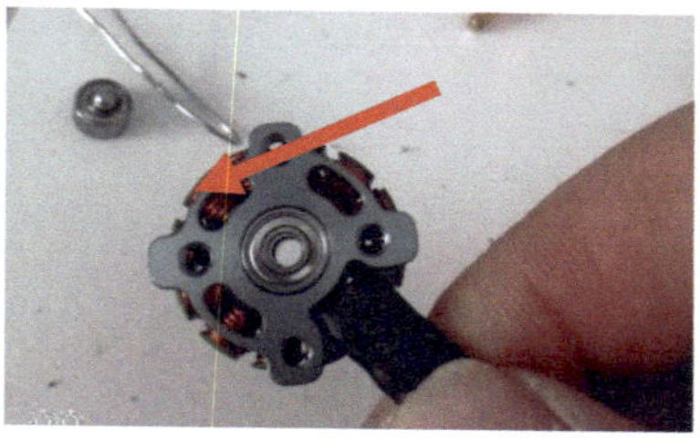 |
| 7 | 最后将电机轴(图中箭头指向)处涂上润滑脂(油),切记不要过多,适量即可 |  |
| 8 | 润滑完成后,重新将电机转子与定子组装完成,并在电机轴卡簧槽处卡上卡簧 | 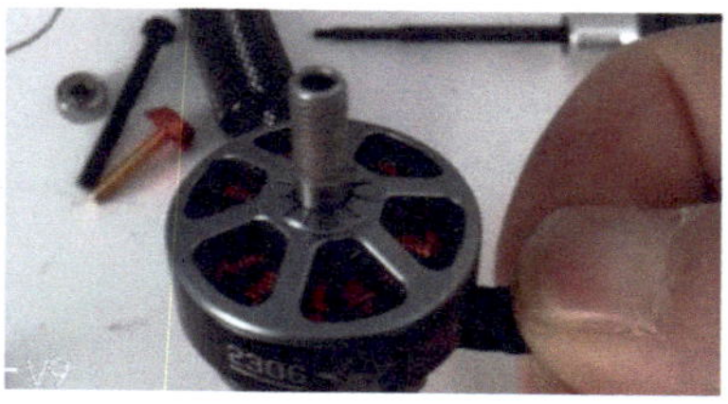 |

## 2.2.5 电机的更换

电机更换的操作步骤及说明见表2-7。

表 2-7 电机更换的操作步骤及说明

| 操作步骤 | 操作说明 | 示意图 |
|---|---|---|
| 1 | 首先将桨叶与电机连接的螺栓拆洗,取下桨叶 |  |
| 2 | 将电机与电机座连接处上面的螺栓拆下 |  |

续表

| 操作步骤 | 操作说明 | 示意图 |
|---|---|---|
| 3 | 将电机座背面上的螺栓拆下 |  |
| 4 | 将电机与电调的三根连接线焊下 |  |
| 5 | 更换新电机,重新将电机与电调的三根连接线焊接 |  |
| 6 | 将更换好的电机重新固定到电机座上 |  |
| 7 | 最后将电机座正面的固定螺栓拧紧,并安装桨叶 |  |

 **任务测评**

1. 简述电机的工作原理。
2. 简述更换电机的操作流程。

*任务反馈*

## 任务 2.3　动力能源的维护

知识准备

### 2.3.1　汽油与润滑油的基础知识

油动发动机受体积和重量的限制，没有专门的润滑系统，所以油动无人机用的燃油是一种混合燃料。它由燃料、润滑油两大基本部分和添加剂组成。燃料的配制对油动发动机性能影响很大，请按下面的步骤操作。

(1) 燃料的配方

① 热火发动机燃料配方表（表2-8）。

表 2-8　热火发动机燃料配方表

| 用途 | 甲醇 | 润滑油 | 硝基甲烷 |
| --- | --- | --- | --- |
| 磨合 | 75% | 25% | 0 |
| F2B练习 | 75% | 25% | 0 |
| 标准 | 80% | 20% | 0 |
| 竞赛1 | 70% | 20% | 10% |
| 竞赛2 | 45% | 25% | 30% |
| 竞赛3 | 75% | 25% | 前者之和的6% |

② 压燃发动机燃料配方表（表2-9）。

表 2-9　压燃发动机燃料配方表

| 用途 | 乙醚 | 煤油 | 润滑油 | 亚硝酸异戊酯 |
| --- | --- | --- | --- | --- |
| 磨合、标准 | 1 | 1 | 1 | 0 |
| 竞赛1 | 39% | 40% | 20% | 1% |
| 竞赛2 | 45% | 45% | 8% | 2% |
| 竞赛3 | 42% | 43% | 10% | 5% |
| 一般用 | 34% | 35% | 30% | 1% |

(2) 润滑油的选择

油动发动机工作时，润滑油也进入燃烧室，因此要求润滑油有良好的稳定性、足够的黏度，还要溶于燃料，因此传统都使用蓖麻油作为润滑油。在近年生产的高温、高功率的发动机中，由于燃烧壁温度可能超过250℃，蓖麻油可能发生部分燃烧而形成积炭，这会使活塞和气缸顶的传热性变差，引起发动机过热，易造成热火头烧毁、空中贫油停车、马力下降以致发动机机件受损等事故。为此，可向燃油中添加如KB等合成润滑油（250℃时可完全燃烧，不积炭），与蓖麻油混合使用，会有良好的效果。

(3) 燃料的选择

甲醇和蓖麻油可用工业品或试剂，煤油用一般的灯油即可，乙醚可用试剂或医用的。工

业甲醇杂质较多，应过滤使用。工业蓖麻油要先沉淀一段时间，再倒出上层来使用。有颜色的甲醇和絮状物较多的蓖麻油不要使用。

#### (4) 配制的操作

配制燃料时，应先倒入密度较小的燃料，再倒入润滑油，混合好后再加入添加剂。由于硝基甲烷等添加剂燃烧后的生成物会腐蚀发动机，因此在一般情况下最好不用添加剂，如使用，则应在使用后用汽油清洗发动机并加润滑油保护。

#### (5) 使用注意事项

由于燃料中含有有毒成分，所以使用要千万小心。甲醇、硝基甲烷等都是剧毒物品，乙醚可使人麻醉，所以操作应在室外通风处进行，最好戴上防护手套，避免皮肤与燃油接触。

### 2.3.2 燃油系统

油动无人机采用涡轮轴发动机或航空活塞式发动机作为动力装置。当发动机工作时，需要燃油系统给气缸（活塞式发动机）或燃烧室（涡轮轴发动机）提供燃油。燃油系统是油动无人机动力装置的重要组成部分，是确保油动无人机正常飞行的重要系统。

#### (1) 燃油系统的定义和功用

燃油是油动无人机的能源，燃油系统则是油动无人机能源的供应系统。燃油系统有内外之分，内燃油系统是指发动机内部的一套燃油系统，用来将外燃油系统提供的燃油输送到燃烧室内，它属于发动机总体结构的一部分；外燃油系统是指发动机外部的一套燃油系统，安装在无人机的机体上，燃油箱中储存一定量的燃油，并根据需要可靠地将燃油供应到发动机内燃油系统和辅助动力装置。这里所讲的燃油系统指的是外燃油系统，包括燃油箱、输油管路、燃油增压泵、防火开关、放油开关和燃油控制系统等。油动无人机的燃油系统主要功能如下：

① 储存燃油；

② 按照发动机各个工作状态的不同要求，安全可靠地把燃油定时定量地输送到发动机和辅助装置；

③ 可调整重心位置，保持无人机平衡和机体结构受力；

④ 为发动机的润滑油、液压油提供冷却装置。

#### (2) 燃油系统的结构和工作原理

① 燃油箱　燃油箱具有足够的容量，保证发动机正常工作时的燃油消耗。随着油箱内的油面下降，油量表传感器连续发出信号，地面站驾驶员通过远程油量表显示的数据就可以知道油箱内剩多少油。同时，通气管将外界大气或者增压空气引入油箱，填补油面下降空出的空间。增压油泵向发动机供油，保证发动机的燃油泵进口具有足够的油压。单向活门只允许燃油向一个方向流动，这样可以防止各油箱内的燃油串流。燃油在输油管内流动时，耗量表发出信号，地面站驾驶员通过远程油量表的显示就可以知道每台发动机的耗油量。然后，燃油流过油气分离器，将供油时带进去的气体或从燃油内挥发出的气体分离出来，避免气体进入发动机的油泵内。无人机的燃油系统内有时也装有油滤，以清除杂质，保证燃油清洁。通常将油箱布置在机体重心附近，或者对称于机体重心放置。

② 输油管路　燃油箱与发动机之间，以及多个燃油箱之间连接的管道称为输油管路。

一般大中型油动无人机的输油管路纵横交错，连接形式也比较多，但通常都可以概括为串联和并联两种形式。

③ 燃油增压泵　为了保持燃油箱内的油面压力大于燃油的饱和蒸气压，需要采用增压油泵来加大发动机燃油泵的入口压力。燃油增压泵大多采用电动离心泵，通过离心力的作用，将机械能转换为液压能。其特点是流量大、压力低、重量轻，并且当泵失效停转时能允许燃油流过。

④ 防火开关　燃油注入发动机的燃油泵之前，要经过防火开关。当发动机发生故障着火时，可以自动关闭防火开关，立即停止向发动机供油，以防火焰蔓延。

⑤ 放油开关　放油开关的功用是在更换油箱或者油泵时，通过放油开关可以放出油泵内没抽尽的剩余燃油。飞行中发生紧急情况时，放油开关可迅速排放多余的燃油。

### 2.3.3　动力电池电压的测量方法

#### (1) 测电器测量电压法

无人机的动力电池常用的测电器有 BB 响、CellMeter 8 测电器等，如图 2-11 所示。

BB响测电压

(a) BB响

(b) CellMeter 8测电器

图 2-11　测电器

#### (2) 充电器测量电压法

常用的充电器有 A6 充电器、ICharger 充电器等，如图 2-12 所示。

(a) A6充电器

(b) ICharger充电器

图 2-12　充电器

### 2.3.4　动力电池的充放电方法

无人机常用的充电器有并行式平衡充电器和串行式平衡充电器两种。并行式平衡充电器使被充电（或放电）的电池块内部的每节串联的电池都配备一个单独的充电回路，互不干涉，毫无牵连。每节电池都受到单独的保护，并且每节电池都按规范在充满后自动停止。因此，它是平衡式充电器的最高形式，如图 2-13 所示。

串行式平衡充电器的主要充电回路是在电池的输出正负极上。在电池组的各单体电池上附加一个并联均衡电路。常采用两种不同的工作原理对单体电池电压进行平衡：一类是放电式平衡，在电池组的各单体电池上附加一个并联均衡电路，以达到分流的作用；另一类是能量转移式平衡，运用分时原理，通过开关组件的控制和切换，使额外的电流流入电压相对较低的电池中以达到均衡充电的目的，如图 2-14 所示。

图 2-13　并行式平衡充电器　　　图 2-14　串行式平衡充电器

电池充放电操作

 任务实施

### 2.3.5　汽油与润滑油的调配

汽油与润滑油调配的操作步骤及说明见表 2-10。

表 2-10　汽油与润滑油调配的操作步骤及说明

| 操作步骤 | 操作说明 | 示意图 |
| --- | --- | --- |
| 1 | 选择需要调配的汽油 | |

续表

| 操作步骤 | 操作说明 | 示意图 |
|---|---|---|
| 2 | 选择需要调配的润滑油 |  |
| 3 | 选择调配时所需的配比油桶 |  |
| 4 | 将汽油倒入配比油桶内 |  |

续表

| 操作步骤 | 操作说明 | 示意图 |
|---|---|---|
| 5 | 将润滑油倒入配比油桶内 |  |
| 6 | 夏天时汽油和润滑油的调配比例图 | 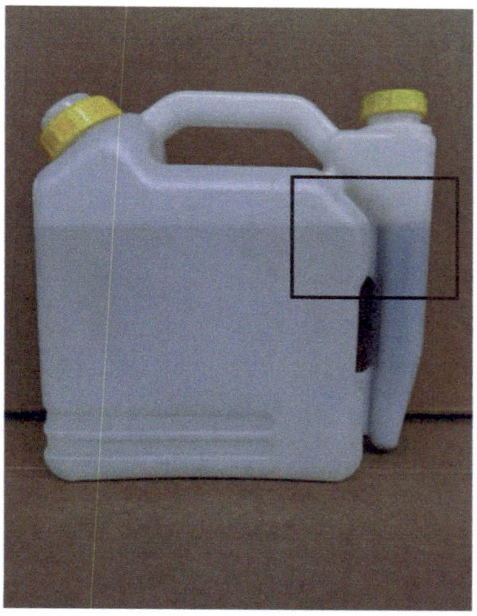 |
| 7 | 冬天时汽油和润滑油的调配比例图 |  |

## 2.3.6 燃油的加注

燃油加注的操作步骤及说明见表2-11。

表 2-11 燃油加注的操作步骤及说明

| 操作步骤 | 操作说明 | 示意图 |
|---|---|---|
| 1 | 按使用标准选择符合标号的燃油 |  |
| 2 | 将输油管插入加油口 | 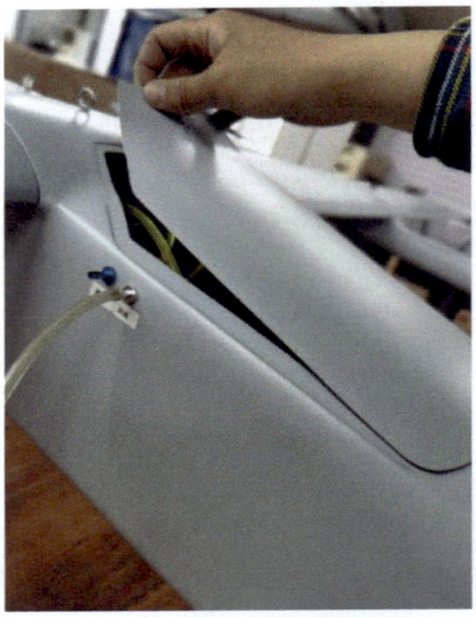 |
| 3 | 将燃油加入油箱,观察排气孔,加满后停止加油 | 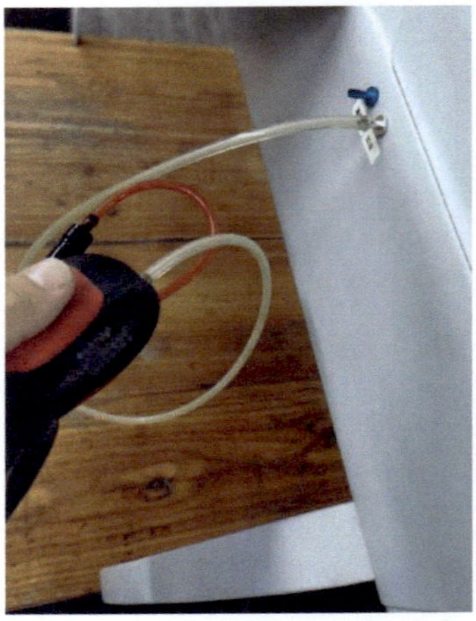 |

续表

| 操作步骤 | 操作说明 | 示意图 |
|---|---|---|
| 4 | 取下输油管,加油完成 | 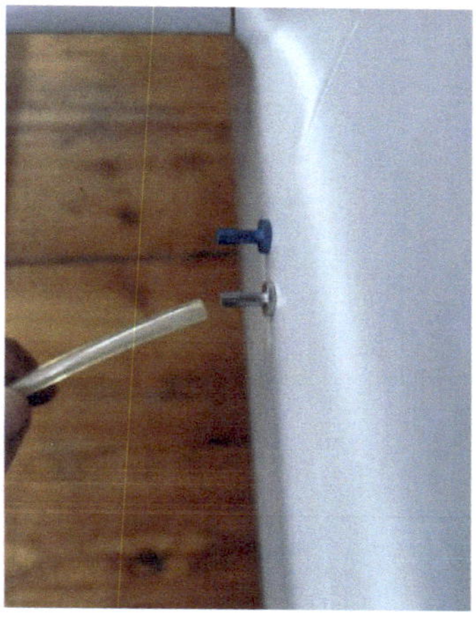 |

## 2.3.7 使用测电器进行电压的测量

使用测电器进行电压测量的操作步骤及说明见表 2-12。

表 2-12 使用测电器进行电压测量的操作步骤及说明

| 操作步骤 | 操作说明 | 示意图 |
|---|---|---|
| 1 | 选择 CellMeter 8 测电器 |  |
| 2 | 选择需要测量电压的动力电池 | 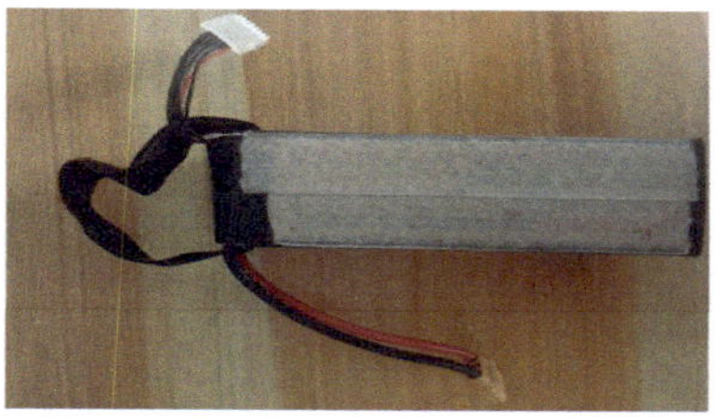 |
| 3 | 将动力电池的平衡头插入测电器输入端 |  |

续表

| 操作步骤 | 操作说明 | 示意图 |
| --- | --- | --- |
| 4 | 根据测电器显示进行读数,23.52V 为电池当前总电压 |  |
| 5 | 测量完成后,将动力电池平衡头拔出 |  |

## 2.3.8　使用充电器进行电压的测量

使用充电器进行电压测量的操作步骤及说明见表 2-13。

表 2-13　使用充电器进行电压测量的操作步骤及说明

| 操作步骤 | 操作说明 | 示意图 |
| --- | --- | --- |
| 1 | 选择 ICharger 充电器 | 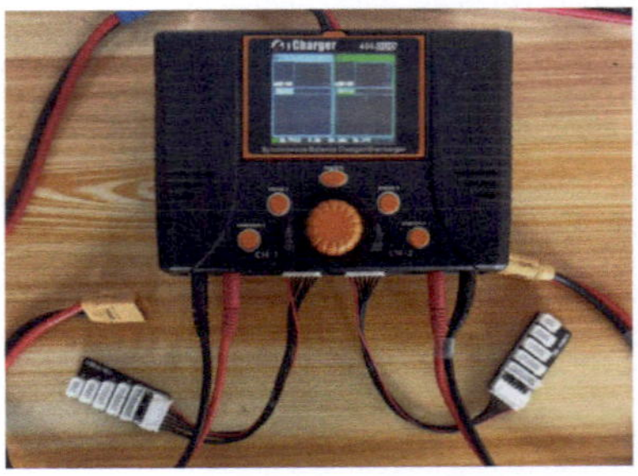 |
| 2 | 选择需要测量电压的动力电池 | 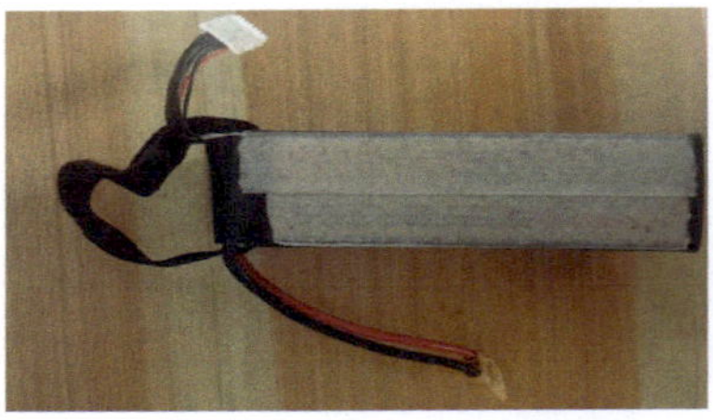 |

续表

| 操作步骤 | 操作说明 | 示意图 |
|---|---|---|
| 3 | 将动力电池的电源线插入充电器电源插头中,并将动力电池平衡头插入充电器平衡线插头 |  |
| 4 | 充电器上方显示当前动力电池总电压,下方显示动力电池每片电芯电压,根据显示进行读数 | 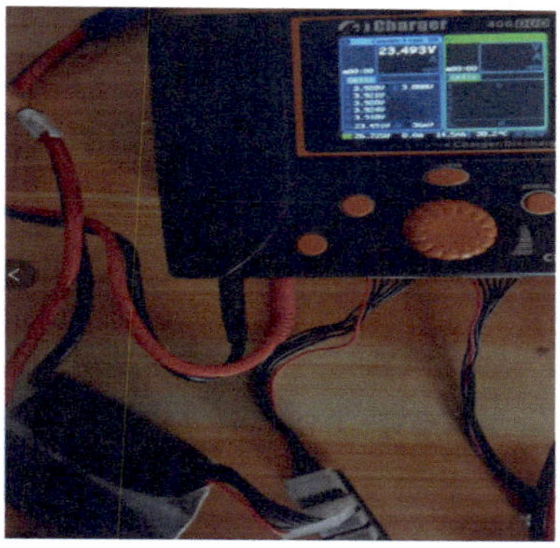 |
| 5 | 测量完成后,将动力电池平衡线插头与电源线拔出即可 | 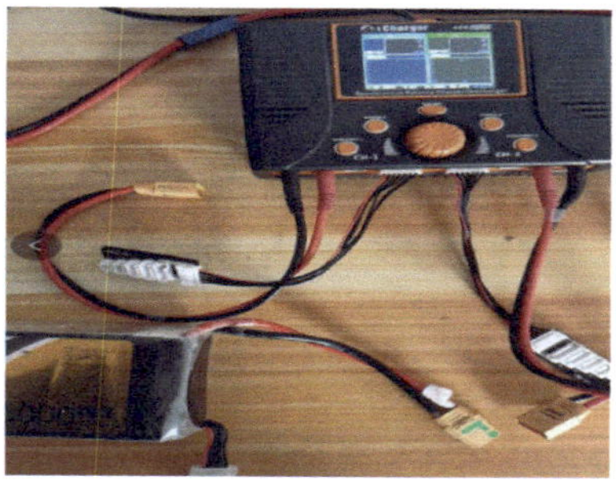 |

## 2.3.9 电池的串联

电池串联的操作步骤及说明见表 2-14。

表 2-14 电池串联的操作步骤及说明

| 操作步骤 | 操作说明 | 示意图 |
|---|---|---|
| 1 | 选择 XT90 公头两个、XT90 母头一个、硅胶线两根 | 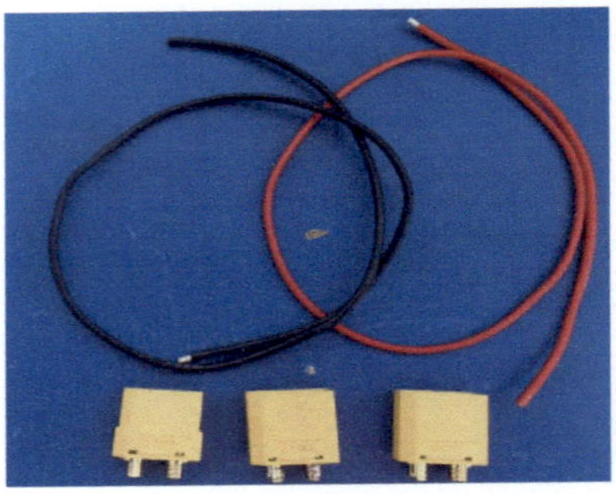 |
| 2 | 使用硅胶线,将其中一个 XT90 公头负极与另一个 XT90 公头的正极进行连接 | 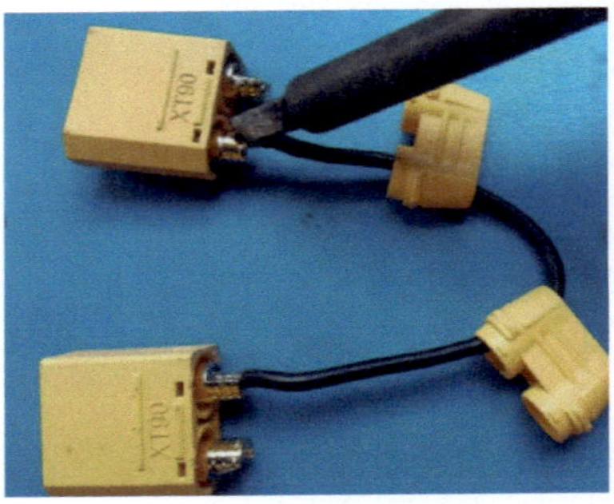 |
| 3 | 将 a 插头(见右图)的负极与 XT90 母头的负极通过硅胶线连接 | 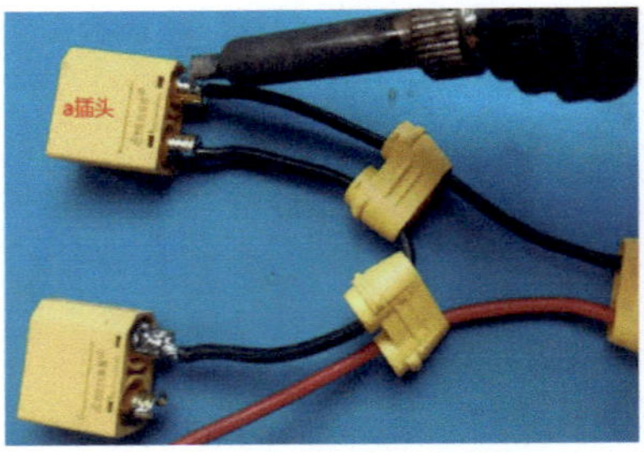 |
| 4 | 将 b 插头(见右图)的正极与 XT90 母头的正极通过硅胶线连接 | 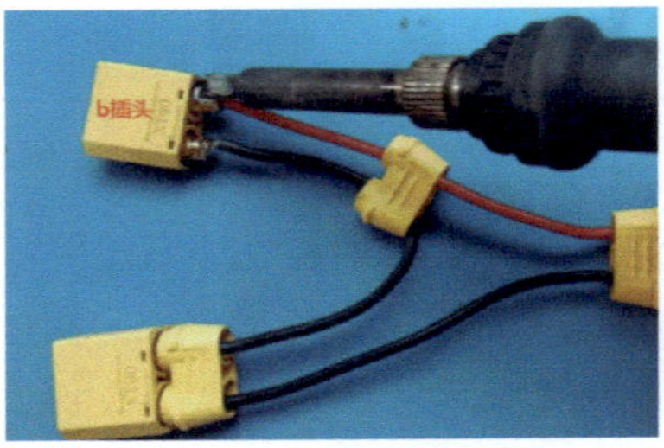 |

续表

| 操作步骤 | 操作说明 | 示意图 |
|---|---|---|
| 5 | 将所有接头处焊接,并套好绝缘套,如右图所示 | 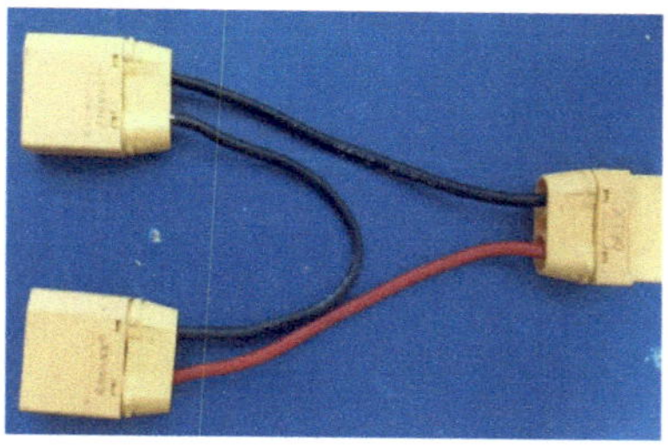 |
| 6 | 以6S电池为例,将两块6S电池的电源插头插入焊接完成的转换插头中,即可变为12S电池组 | 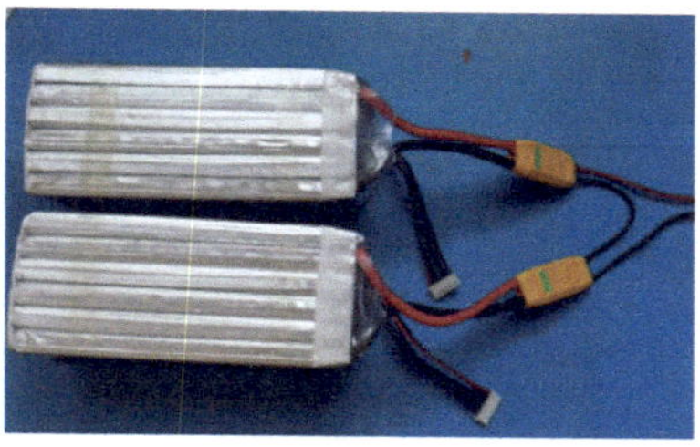 |

## 2.3.10 电池的并联

电池并联的操作步骤及说明见表2-15。

串并联电路

表2-15 电池并联的操作步骤及说明

| 操作步骤 | 操作说明 | 示意图 |
|---|---|---|
| 1 | 选择XT90公头两个、XT90母头一个、硅胶线两根 | 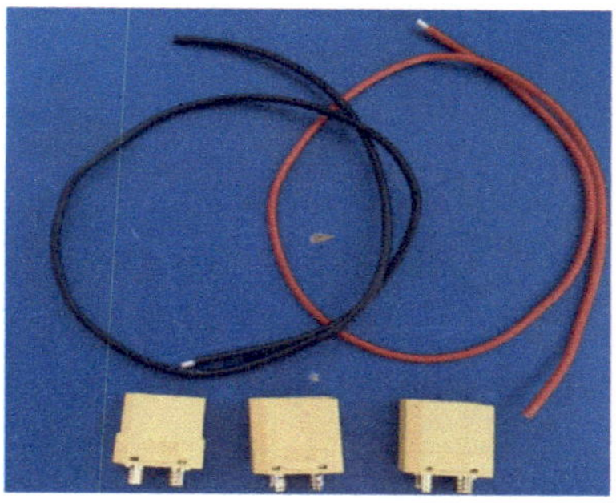 |
| 2 | 将两个XT90公头的负极通过硅胶线连接 | 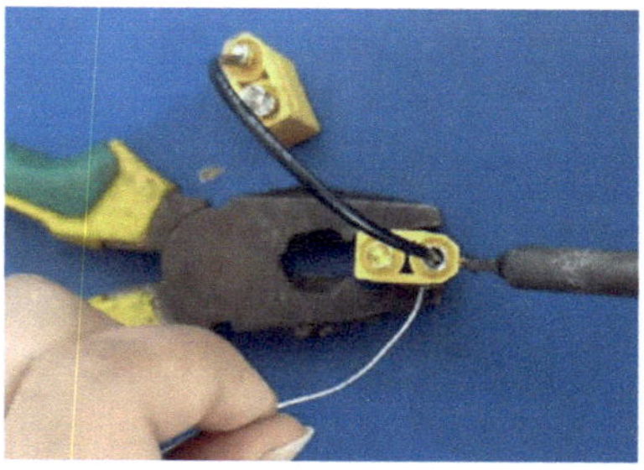 |

续表

| 操作步骤 | 操作说明 | 示意图 |
|---|---|---|
| 3 | 将两个 XT90 公头的正极通过硅胶线连接 |  |
| 4 | 将 XT90 公头并联焊接,并将正负极各引出一根硅胶线连接 XT90 母头,正极接正极,负极接负极 |  |
| 5 | 将所有接头处焊接,并套好绝缘套,如右图所示 | 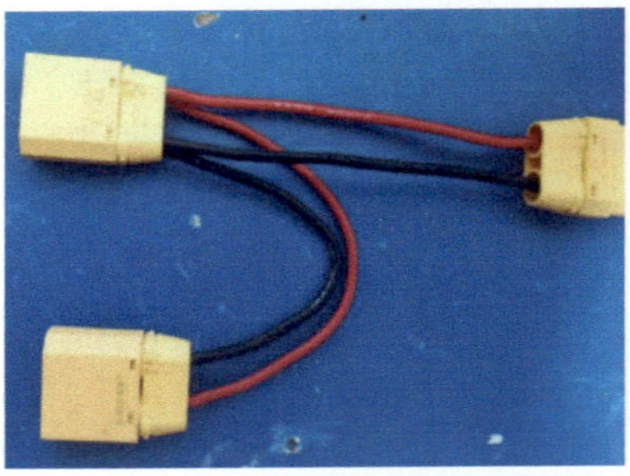 |
| 6 | 以 6S 电池为例,将两块 6S 电池的电源插头插入焊接完成的转换插头中,即可变为 6S2P 电池组 | 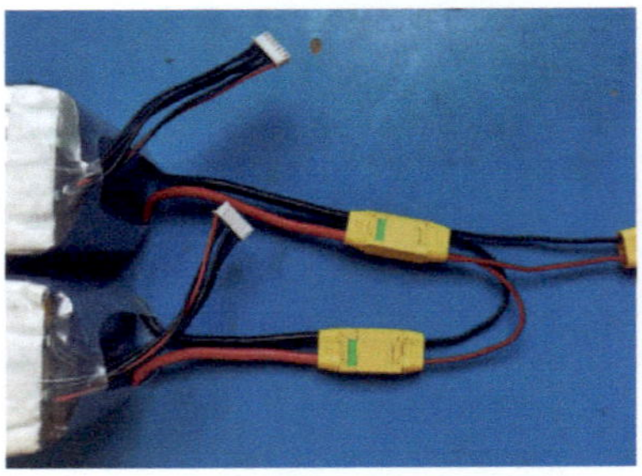 |

### 2.3.11 动力电池的存放

动力电池存放的操作步骤及说明见表 2-16。

表 2-16　动力电池存放的操作步骤及说明

| 操作步骤 | 操作说明 | 示意图 |
|---|---|---|
| 1 | 将需要放电的电池与充电器进行连接,电源线与充电器输出端连接,平衡线与充电器平衡头连接 | 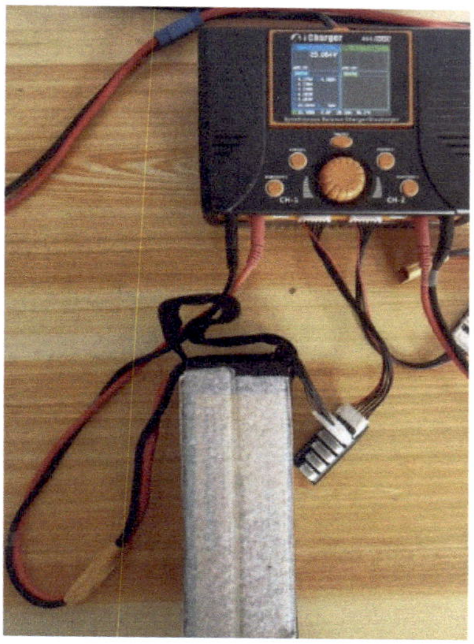 |
| 2 | 选择 Discharge(放电)模式,并将终止电压调整到 3.8V(保存电压) | 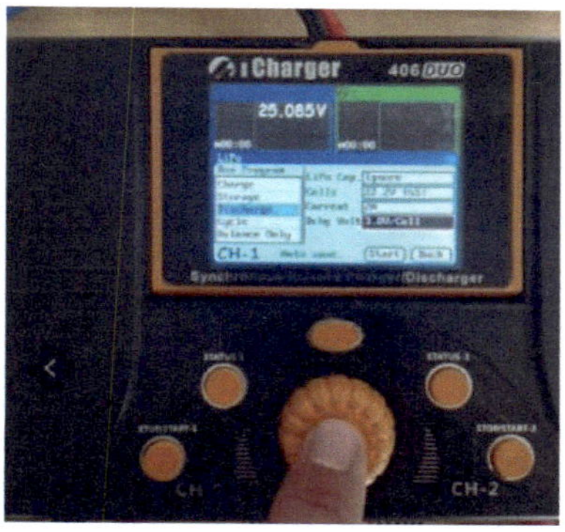 |
| 3 | 全部设置完成后,按确定键,开始放电 | 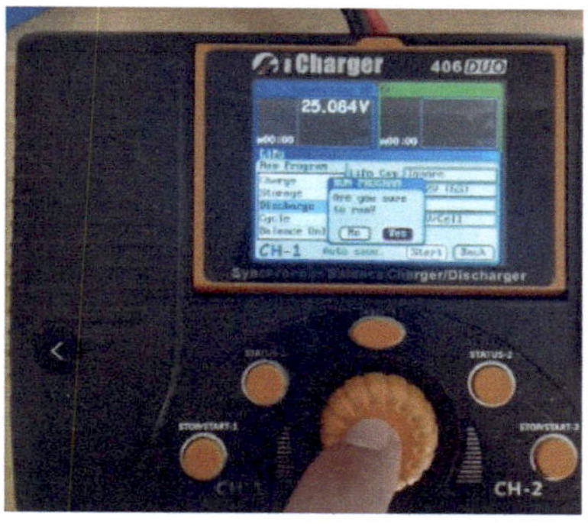 |

续表

| 操作步骤 | 操作说明 | 示意图 |
|---|---|---|
| 4 | 放电过程中 | 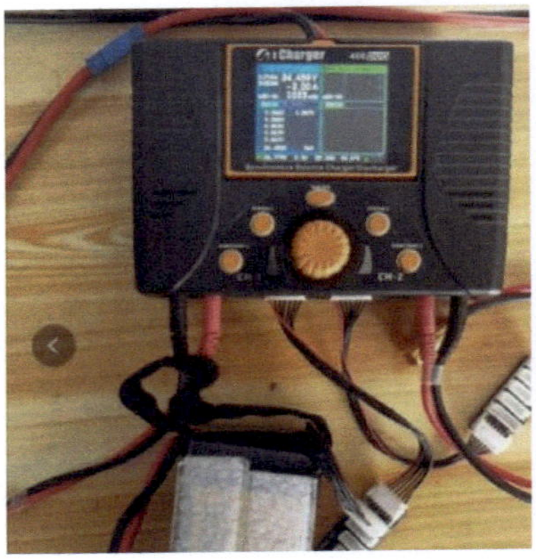 |
| 5 | 放电完成后,充电器会显示绿色"DONE!",此时,放电完成,将电池从充电器上取下 | 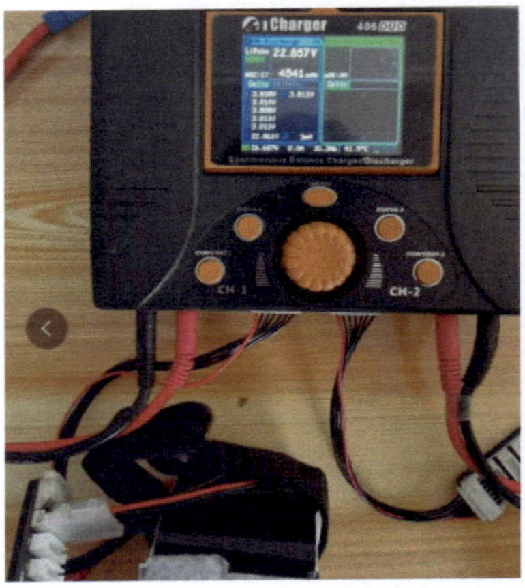 |
| 6 | 将放电完成的电池放入防爆箱中保存,并将防爆箱锁紧,并放置在阴凉的环境中 |  |

 **任务测评**

1. 简述锂聚合物电池的测量设备。
2. 简述锂聚合物电池串并联的操作步骤。

**任务反馈**

# 项目 3
# 电子设备的维护维修

 项目描述

▶ 项目引入

电子设备是无人机设备的重要组成部分。电子设备的长期使用可能会造成精准度下降、甚至失效的情况,因此对电子设备定期维护和及时维修显得十分重要。在本项目中,主要讲述如何使用专业电子电气工具对无人机的电子设备进行拆装和维护维修,以及载荷控制线路的施工;同时,教授学生能够使用专业电子电气相关仪表进行电子设备的检测,并完成静电防护和无人机各部件的电子性能的检查。对于各类航空插头,使学生能够掌握拆装、清洁、保护和防松的作业。

▶ 知识、技能分解思维导图

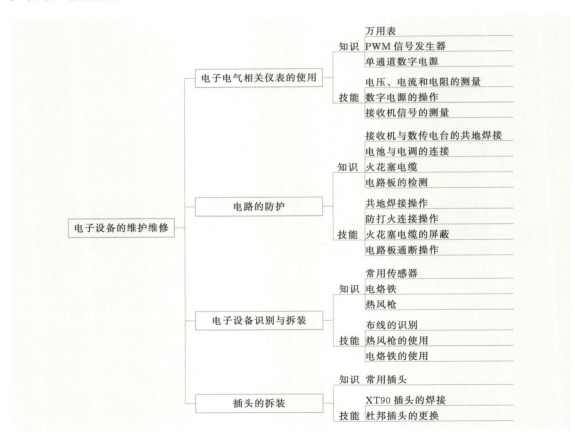

▶ **素质培养——科技自信**

电子芯片是无人机的核心部件，芯片虽小，却是"国之利器"。谁掌握了芯片研发和生产技术，谁就能主导一场信息革命。因此，在日常选择电子芯片的过程中，鼓励学生优先选择国产芯片，支持中国芯片产业的发展，激发学生科技报国的家国情怀和使命担当。

▶ **任务提出**

在初级阶段，我们主要通过机械工作学会了简单的无人机的维护和保养。在中级阶段，我们需要通过使用电子设备实现对无人机的维护和保养，包括万用表的使用和示波器的使用等，希望使学生掌握更深层次的无人机的检测与维护职业技能。

*知识与技能要点记录*

## 任务 3.1　电子电气相关仪表的使用

知识准备

### 3.1.1　万用表

万用表是一种带有整流器的且可以测量交直流的电流、电压及电阻等多种电学参量的磁电式仪表。对于每一种电学量，一般都有几个量程。其又被称为多用电表或简称多用表。通过选择开关的变换，可方便地对多种电学参量进行测量。万用表种类很多，可分为指针式万用表和数字万用表，还有一种带示波器功能的示波万用表，其是一种多功能、多量程的测量仪表。使用时应根据不同的要求进行选择。在无人机的维护维修工作中，经常用到数字万用表，如图3-1所示。

(1) 结构组成

万用表由表头、表笔和表笔插孔、测量线路及转换开关等部分组成。万用表是电子测试领域最基本的工具，也是一种使用广泛的测试仪器。一般万用表可测量直流电流、直流电压、交流电压、电阻和音频电平等，

图 3-1　数字万用表

有的还可以测量交流电流、电容量、电感量、温度及半导体（二极管、三极管）的一些参数。数字式万用表已成为主流，并已经取代模拟式仪表。与模拟式仪表相比，数字式仪表灵敏度高，精确度高，显示清晰，过载能力强，便于携带，使用也更方便简单。

① 表头　万用表的表头是灵敏电流计。表头上的表盘印有多种符号、刻度线和数值。符号"A—V—Ω"表示这个电表是可以测量电流、电压和电阻的多用表。表盘上印有多条刻度线，其中右端标有"Ω"的是电阻刻度线，其右端为零，左端为∞，刻度值分布是不均匀的。符号"—"或"DC"表示直流，"～"或"AC"表示交流。

② 表笔和表笔插孔　表笔分为红、黑二支。使用时应将红色表笔插入标有"＋"号的插孔，黑色表笔插入标有"—"号的插孔。

③ 测量线路　测量线路是把各种被测量转换到适合表头测量的微小直流电流的电路，它由电阻、半导体元件及电池组成。它能将各种不同的被测量（如电流、电压、电阻等）、不同的量程，经过一系列的处理（如整流、分流、分压等）统一变成一定量限的微小直流电流送入表头进行测量。

④ 转换开关　其作用是用来选择各种不同的测量线路，以满足不同种类和不同量程的测量要求。转换开关一般是一个圆形拨盘，在其周围分别标有功能和量程，用来选择

测量项目和量程。一般的万用表测量项目包括："mA"，直流电流；"V（一）"，直流电压；"V（～）"；交流电压；"Ω"，电阻。每个测量项目又划分为几个不同的量程以供选择。

**(2) 常见的使用方法**

① 测量先看挡，不看不测量　使用万用表进行测量时，务必再核对一次电参量的类型及量程，选择开关是否拨对位置。

② 测量不拨挡，测完拨空挡　测量过程中不能任意拨动旋钮，特别是测高压（如220V）或大电流（如0.5A）时，避免产生电弧，烧坏转换开关触点。测量完毕后，将量程选择开关拨回 Off 挡。

③ 表盘应水平，读数要对正　使用万用表时应该水平旋转，读取示数时视线应正对着万用表指针（数字式无需这样）。

④ 量程要合适，针偏过大半　选择量程，若事先无法估计被测量大小，应尽量选较大的量程，然后根据偏转角大小，逐步换到较小的量程，直到指针偏转到满刻度的 2/3 左右为止。数字式万用表应不断调小挡位，直至调至合适挡位。

⑤ 测电阻不带电，测电容先放电　严禁在被测电路带电的情况下测电阻。检查电气设备上的大容量电容器时，应先将电容器短路放电后再测量。

⑥ 测电阻先调零，换挡需调零　测量电阻时，应先将转换开关旋到电阻挡，把两表笔短接，旋调零电位器，使指针指零欧后再测量。每次更换电阻挡时，都应重新调整欧姆零点。

⑦ 黑负要记清，表内黑接"＋"　红表笔为正极，黑表笔为负极，但电阻挡上黑表笔接内部电池的正极。

⑧ 测电流应串联，测电压要并联　测量电流时，应将万用表串接在被测电路中；测电压时，应将万用表并联在被测电路的两端。

⑨ 极性不接反，单手成习惯　测量电流和电压时应特别注意红、黑表笔的极性不能接反，并且一定要养成单手操作的习惯以确保安全。

### 3.1.2　PWM 信号发生器

图 3-2 示出了一种常见的 PWM 信号发生器，其能够调节脉冲信号的频率和占空比。其

图 3-2　PWM 信号发生器

正面为液晶显示屏和调节旋钮，底部是接线柱。液晶屏上方显示频率，频率调节范围一般为1Hz～100kHz，下方显示占空比，占空比调节范围为0～100%。长按调节旋钮可以开启和关闭PWM信号发生器，单击调节旋钮可以在频率调节和占空比调节中切换，旋转调节旋钮可以调整频率和占空比的大小，顺时针旋转变大，逆时针旋转变小。第一次单击旋钮默认频率调节，显示屏上频率数值前光标闪烁，再次单击调节旋钮可以切换到占空比调节，占空比数值前光标闪烁。

PWM信号发生器底部的接线图如图3-3所示，接线顺序都用符号标定好了，分别为电源输入和信号输出。电源输入可以接电池或者数字电源进行供电，信号输出可以接示波器和舵机等。

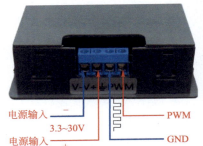

图3-3　PWM信号发生器接线图

把信号发生器打开，将输出信号连接到示波器上。如图3-4所示，可以看到初始输出信号是一种方波，默认频率为100Hz、占空比为50%。方波是PWM信号中最常见的一种波形，方波的属性有高电平的大小、低电平的大小、频率和占空比。其中高低电平和信号源电压有关，该PWM信号发生器输出信号的高电平为7V，低电平为0V。频率是指一秒内有多少个周期，一个高电平和一个低电平组成一个周期，图中100Hz波形的一个周期为10ms，大约占两格。

现在将频率调整到50Hz，如图3-5所示，信号周期为20ms，大约占两格，波形比刚才更加稀疏。同理，若增大频率，周期将变小，波形变得更加密集。

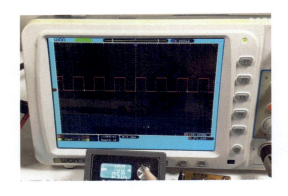

图3-4　默认输出波形

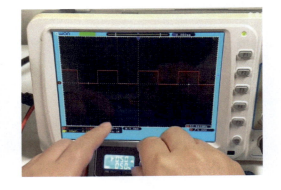

图3-5　50Hz输出波形

占空比可以认为是信号波形中一个周期内高电平所占时间的比例，占空比越大，高电平持续时间越长，则全周期等效输出功率也越大。图3-4和图3-5中波形占空比都是50%，可以看到高电平和低电平时间是相同的。现在提高占空比至80%，如图3-6所示，可以看到高电平时间明显更长。

### 3.1.3　单通道数字电源

单通道数字电源是无人机调试和维修最常用的基础仪器。单通道数字电源为用电器和电路提供可靠的电源供应。单通道数字电源能够稳定输出指定的电压和电流，非常方便和安全。在维修中，常常通过替代电器自身的供电单元（常称替代法）缩小故障范围，同时利用稳压电源监视用电设备的工作电流，并与正常值做比较，以及时发现电路短路、断路等异常故障，对电路故障的判断很有帮助。如图3-7所示，单通道数字电源最上面是显示面板，上方为电压显示区域，单位为V，恒压源模式右边绿色的指示灯会亮起；面板下方为电流显示区域，单位为A，恒流源模式时右边绿色的指示灯会亮起。"VOLTAGE"为电压调节旋钮，顺时针旋转时电压增大，逆时针旋转时电压减小。"CURRENT"为电流调节旋钮，顺时针旋转时电流增大，逆时针旋转时电流减小。"OVP"为过压保护，可以设定最高输出电压。"OCP"为过流保护，可以设定最大输出电流。"M1"~"M3"为存储按键，可以保存特定的电压、电流设置，方便下次使用。"ON/OFF"为输出开关。最下面是输出接线柱，红色是正极，黑色是负极，红色和黑色用来输出电压和电流，黄色是内部接地，红色和黄色可以为电池充电。

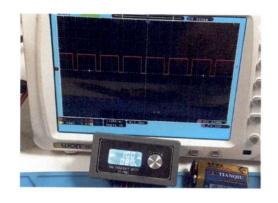

图3-6　80%占空比的波形

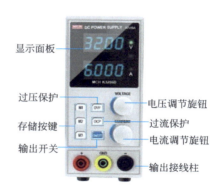

图3-7　单通道数字电源

使用单通道数字电源的注意事项：

① 调整到所需要的电压后，再接入负载。

② 调整电压数值前，要做过压保护和过流保护，防止损害负载和电源。

③ 在使用过程中，如果变换电压数值较大，应先断开负载，待输出电压调到所需要的值后，再接入负载。

④ 在使用过程中，因负载短路或过载引起保护时，应首先断开负载，然后按"复原"按钮，也可重新开启电源，电压即可恢复正常工作，待排除故障后再接入负载。

⑤ 将额定电流不等的各路电源串联使用时，输出电流为其中额定值最小一路的额定值。

⑥ 两路电压可以串联使用，但绝对不允许并联使用。电源是一种供给量仪器，因此不允许将输出端长期短路。

 任务实施

### 3.1.4　电压的测量

使用万用表进行电压测量的操作步骤及说明见表3-1。

表 3-1　使用万用表进行电压测量的操作步骤及说明

| 操作步骤 | 操作说明 | 示意图 |
| --- | --- | --- |
| 1 | 选择数字万用表 | 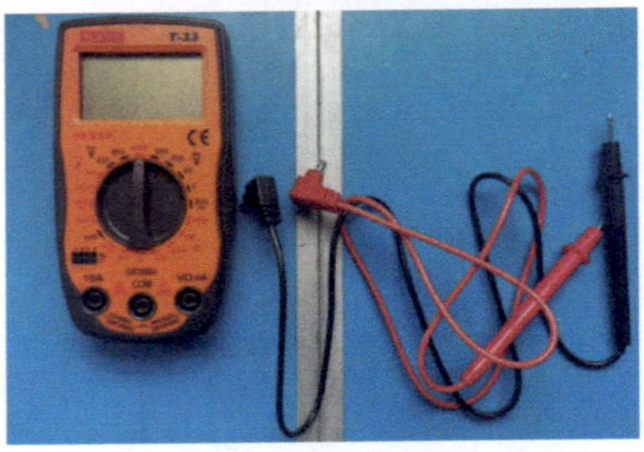 |
| 2 | 连接表笔,红色表笔插入 VΩmA 挡,黑色表笔插在 COM 端 | 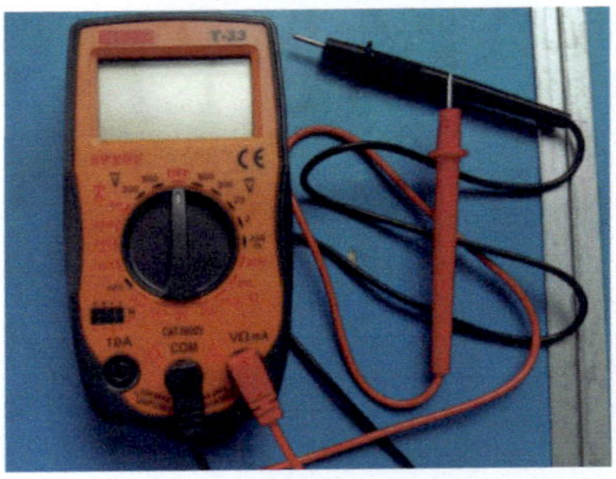 |
| 3 | 旋转万用表挡位,测量电压要使用电压挡,如果不确定电压值多少,可以旋转到大于预估值的挡位,比如 200V 挡位 | 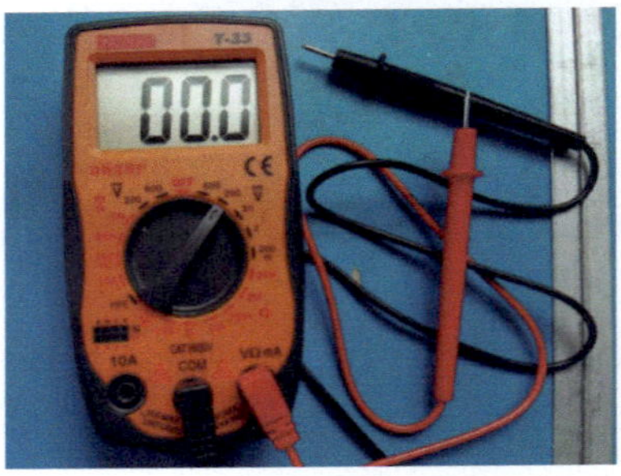 |
| 4 | 将表笔插入需要测量的电池的电源插头中 | 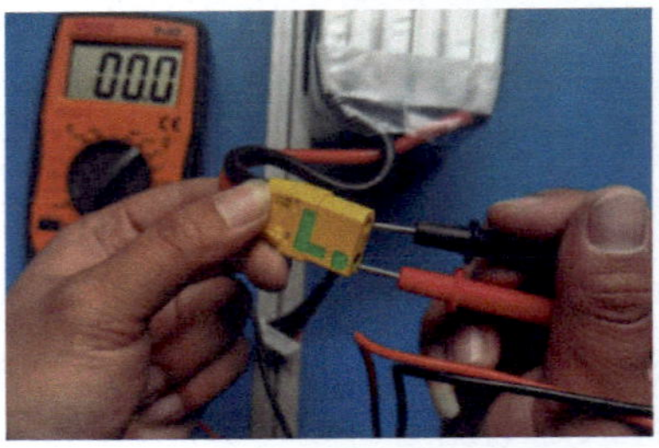 |
| 5 | 读出万用表显示的数据,表盘显示"24.9",则表示该电池电压为 24.9V |  |

## 3.1.5 电流的测量

使用万用表进行电流测量的操作步骤及说明见表3-2。

表 3-2　使用万用表进行电流测量的操作步骤及说明

| 操作步骤 | 操作说明 | 示意图 |
| --- | --- | --- |
| 1 | 选择数字万用表 | 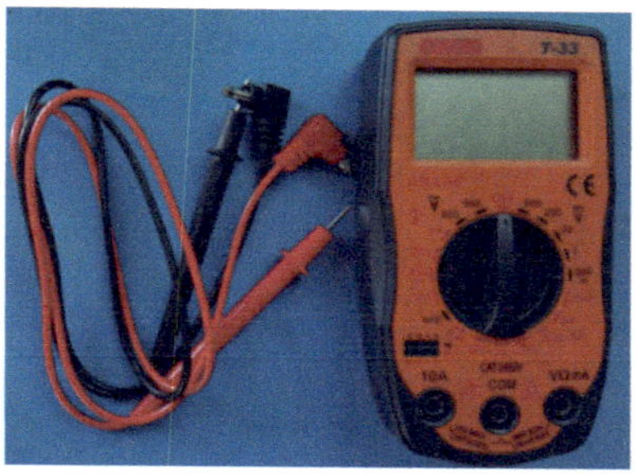  |
| 2 | 连接表笔,红色表笔插入10A挡,黑色表笔插在COM端 | 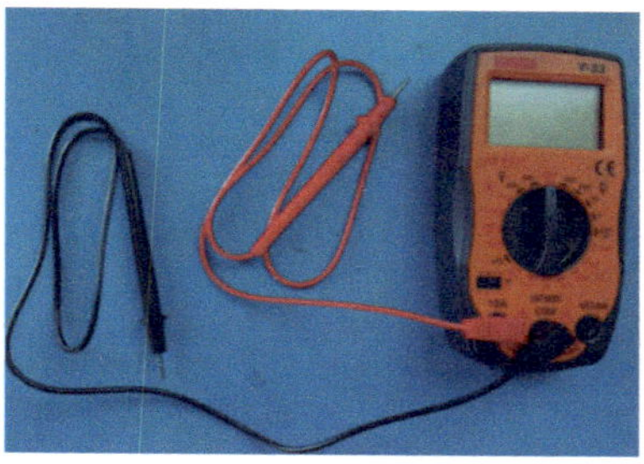  |
| 3 | 旋转万用表挡位,测量电流要使用电流挡,如果不确定电流值多少,可以旋转到大于预估值的挡位,比如10A挡位 |   |
| 4 | 断开电路,将万用表接在断开电路的两端,红色表笔接在正极相连的断点,黑色表笔接在和电源负极相连的断点 | 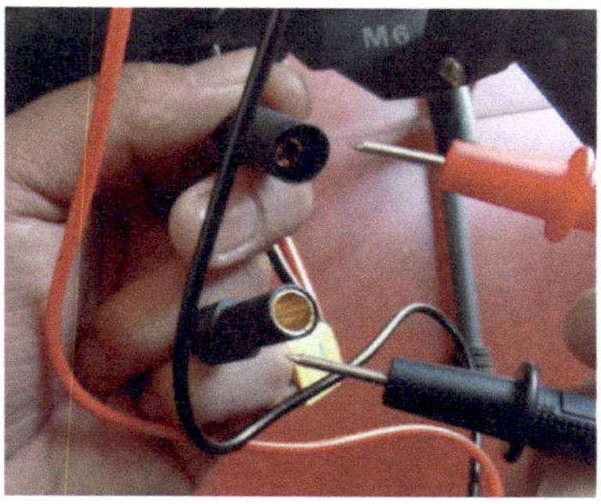  |

续表

| 操作步骤 | 操作说明 | 示意图 |
|---|---|---|
| 5 | 读出万用表显示的数据,表盘显示"0.26",则表示该电流为0.26A |  |

## 3.1.6 电阻的测量

使用万用表进行电阻测量的操作步骤及说明见表3-3。

表3-3 使用万用表进行电阻测量的操作步骤及说明

| 操作步骤 | 操作说明 | 示意图 |
|---|---|---|
| 1 | 选择数字万用表,首先连接表笔,红色表笔插入VΩ挡,黑色表笔插在COM端,确保万用表正常 | 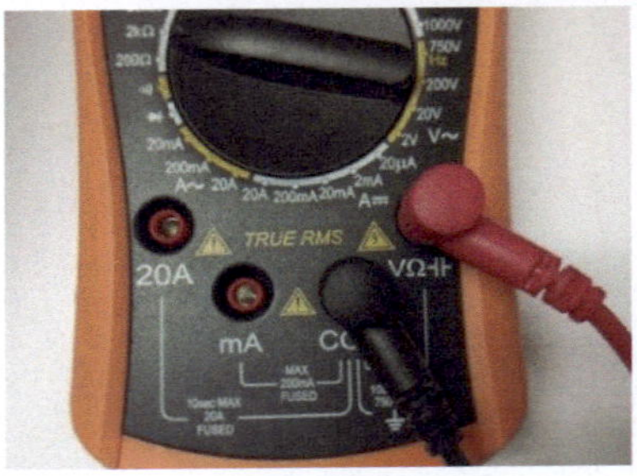 |
| 2 | 旋转万用表挡位,测量电阻要使用电阻挡,如果不确定电阻值多少,可以旋转到大于预估值的挡位,比如200Ω挡 |  |
| 3 | 连接电阻器的两端,表笔可以随便接,没有正负之分,但是一定要确保接触良好 | 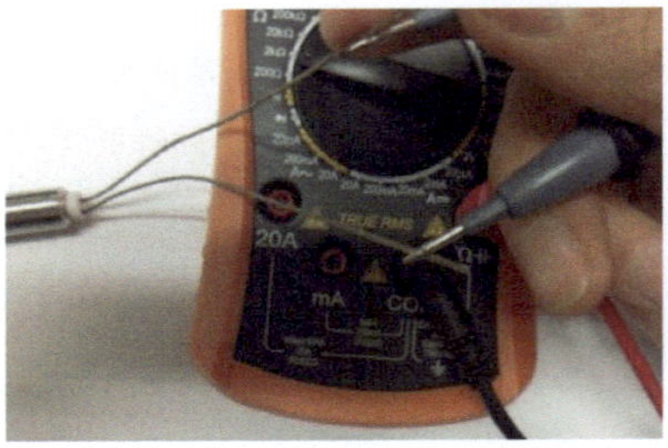 |

续表

| 操作步骤 | 操作说明 | 示意图 |
|---|---|---|
| 4 | 读出万用表显示的数据,如果万用表没有数据出现,有可能是电阻器坏了,当然还有一种可能就是量程不够,需要更换量程 |  |
| 5 | 把量程增大,如果一直没有显示数据,那只能说明电阻器坏了,如果读出数据,注意加上挡位的单位 | 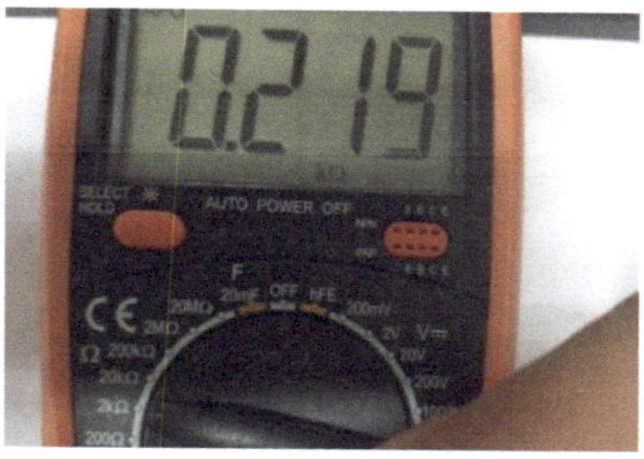 |

## 3.1.7 单通道数字电源的操作

单通道数字电源的操作步骤及说明见表3-4。

表 3-4  单通道数字电源的操作步骤及说明

| 操作步骤 | 操作说明 | 示意图 |
|---|---|---|
| 1 | 连接电源并将稳压电源连接上市电 | 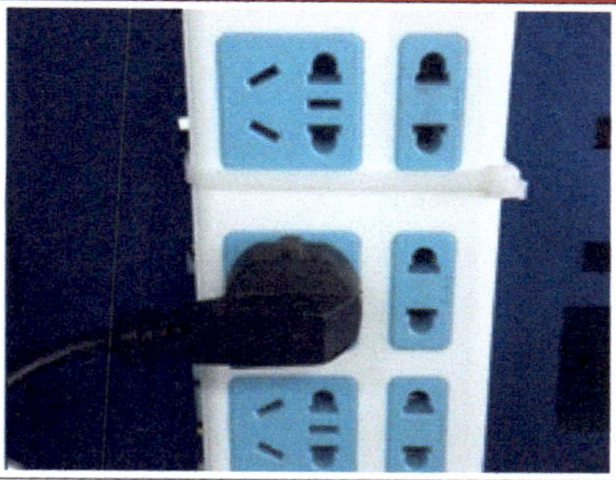 |
| 2 | 开启电源。在不接负载的情况下,按下电源总开关(power),然后开启电源直流输出开关(output),使电源正常输出工作,此时,显示面板即显示出当前工作电压和输出电流 |  |

续表

| 操作步骤 | 操作说明 | 示意图 |
|---|---|---|
| 3 | 设置输出电压。通过调节电压设定旋钮,使显示面板显示出目标电压,完成电压设定。对于有可调限流功能的电源,有两套调节系统分别调节电压和电流 | 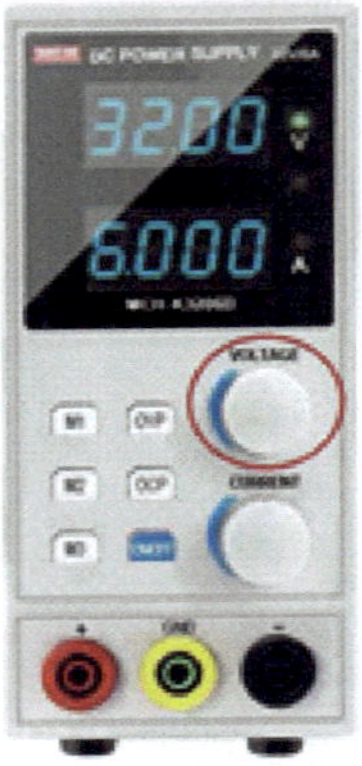 |
| 4 | 设置过流保护。按下电源面板上"OCP"键不放,此时电流表会显示电流数值,调节电流旋钮,使电流数值达到预定值 | 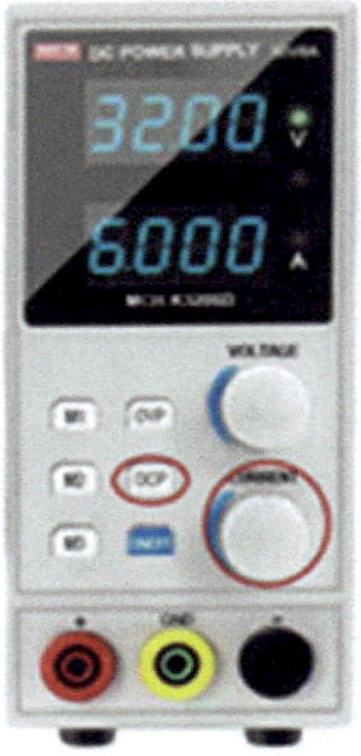 |
| 5 | 设定过压保护。按下电源面板上"OVP"键不放,此时电流表会显示电压数值,调节电压旋钮,使电压数值达到预定值 | 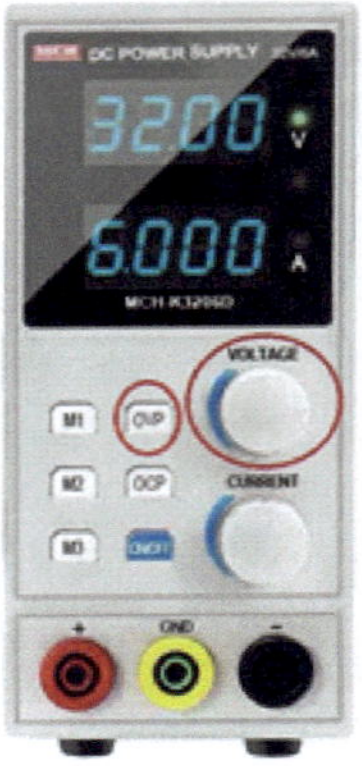 |
| 6 | 最后确认无误后,通过红色和黑色输出线接入负载。在使用中可以通过电压旋钮、电流旋钮微调电压和电流 | 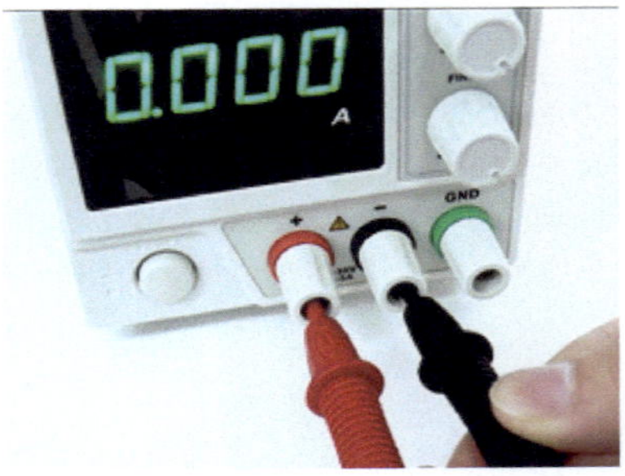 |

## 3.1.8 无人机接收机信号的测量

无人机接收机信号测量的操作步骤及说明见表 3-5。

表 3-5 无人机接收机信号测量的操作步骤及说明

| 操作步骤 | 操作说明 | 示意图 |
| --- | --- | --- |
| 1 | 打开数字示波器,将示波器工作状态调至正常。然后连接接收机,用 3V 电源给接收机供电,将接收机一、二通道的引脚都插上杜邦线,接收机用 6V 电源供电 | 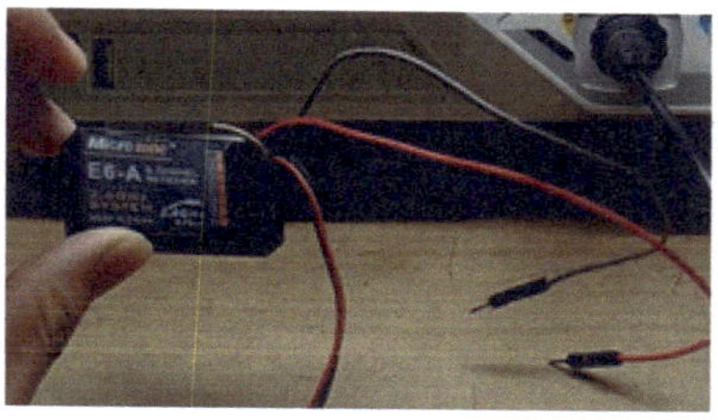 |
| 2 | 将数字示波器 CH1、CH2 通道探头的负极接地,正极分别连接接收机的一、二通道信号线,并按下数字示波器的"AUTO"按键,此时示波器屏幕就会显示波形 | 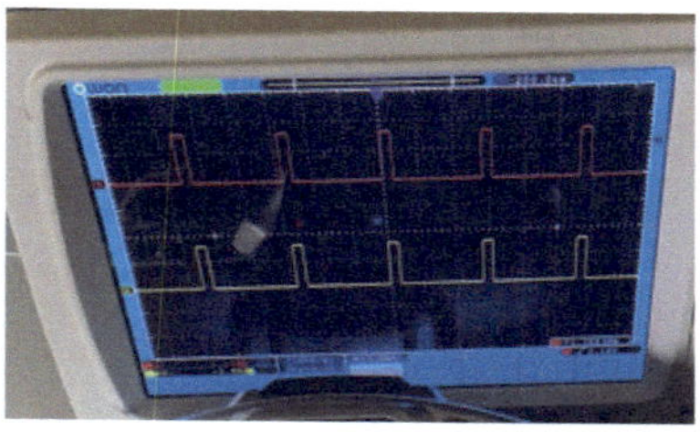 |
| 3 | 调节数字示波器的"TIME"按钮,调整显示周期,适当放大信号,将一个信号周期居中显示。可以看到接收机的输出信号是一种 PWM 信号,信号脉宽大约为 1.5ms | 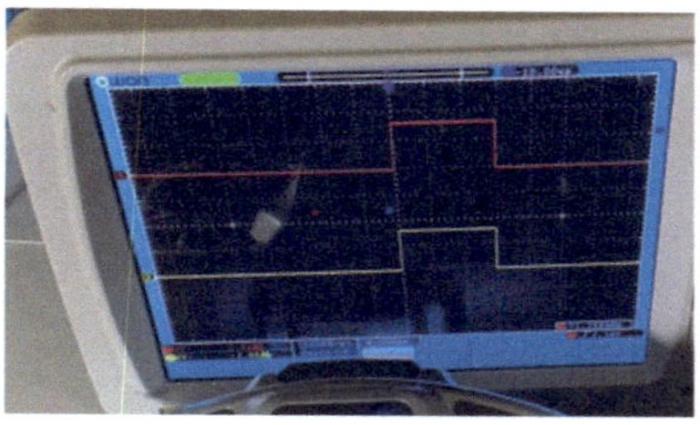 |
| 4 | 拨动遥控器,可以看到接收机一、二通道对应的是遥控器右手摇杆。一通道对应右手摇杆的左右,二通道对应摇杆的上下。向上拨动摇杆时,二通道信号脉冲宽度变为 1.75ms;向下为 1.25ms | 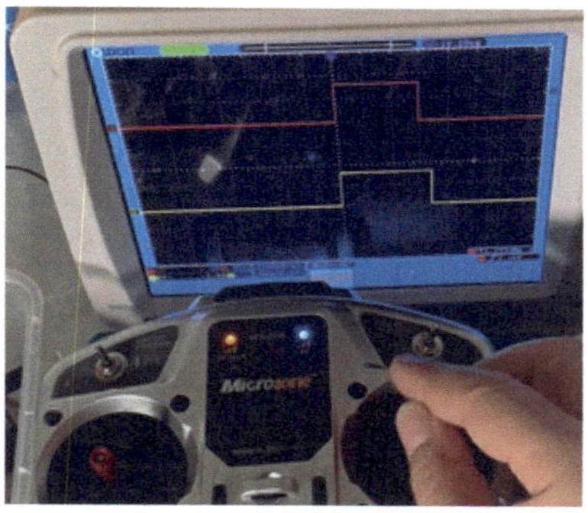 |

续表

| 操作步骤 | 操作说明 | 示意图 |
|---|---|---|
| 5 | 左右拨动右手摇杆时,接收机一通道信号脉宽有变化。右图为向左波动摇杆时,一通道信号脉冲宽度变为1.75ms;向右为1.25ms。接收机三、四通道对应遥控器左手摇杆,不再赘述 | 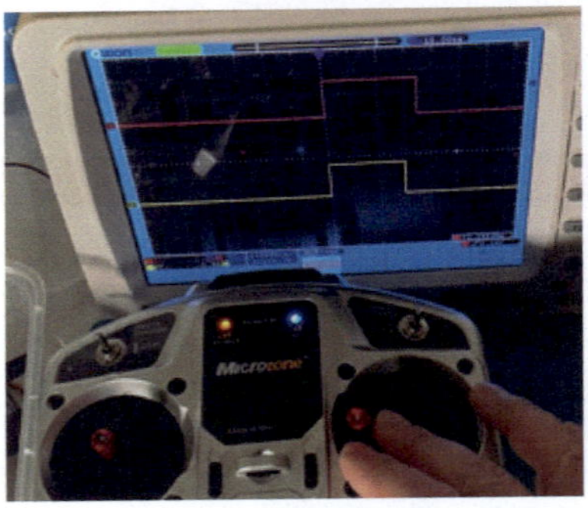 |
| 6 | 测量接收机信号的占空比。数字示波器都够直接显示方波信号的频率和占空比等信息。将接收机一通道的信号接入到示波器之后,按"AUTO"按键,数字示波器显示屏上会自动出现频率和占空比数值 | 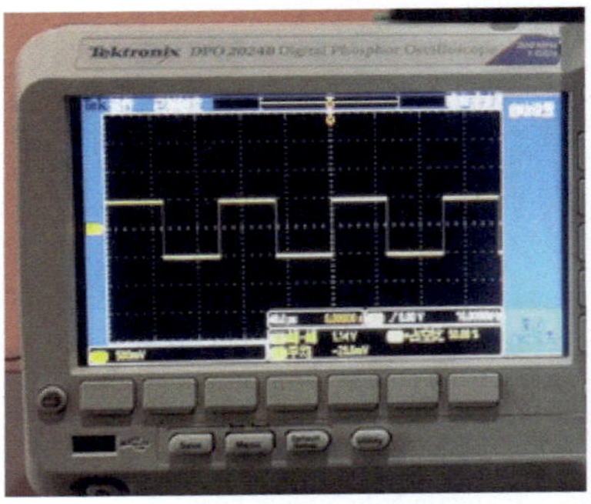 |

### 任务测评

1. 简述如何使用万用表测量电流、电压、电阻。
2. 简述单通道数字电源调节电压和电流的操作步骤。

### 任务反馈

## 任务 3.2　电路的防护

### 知识准备

#### 3.2.1　接收机与数传电台的共地焊接

（1）接收机

遥控接收机是安装在飞行器上用来接收无线电信号的。它会处理来自遥控发射机的无线电信号，将所接收到的信号进行放大、整形、解码，并把接收来的信号转换成电调和舵机可以识别的数字脉冲信号，传输给舵机和电调。然后飞行器就会通过执行机构来完成遥控器所发出的指令。

（2）数传电台

数传电台如图 3-8 所示。它是采用数字信号处理、数字调制解调等技术，具有前向纠错、均衡软判决等功能的无线数据传输电台。其传输速率一般为 300～19200bit/s，发射功率最高可达数瓦甚至数十瓦，传输覆盖距离可达数十公里。数传电台主要利用超短波无线信道实现远程数据传输。

在无人机领域中，数传链路通常由数传模块组成，是由地面站计算机连接的一个模块和无人机上的另一个模块构成的双向链路。地面发出修改航点等指令，无人机接收；无人机发出位置、电压等信息，地面接收。其用于在视距外（也可以在视距内）完成地面控制站与无人机之间的数据收发。

数传电台的地线应与接收机地线及电源的地线良好连接，否则容易烧坏通信接口等，禁止带电拔、插串口。

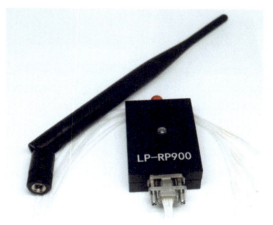

图 3-8　数传电台

#### 3.2.2　电池与电调的防打火连接

在无人机飞行过程中，由于电调的瞬间通过电流非常大，功率特别高。因此，在使用过程中，如果连接不当，会出现不同程度打火放电现象，长期使用会对电源接口造成不同程度损伤，影响使用寿命。对一些关键设备，打火还会造成干扰，使设备产生误动作，造成不可预知的后果。因此，消除大功率大电流电打火问题也是无人机的电池与电调防打火连接的关键问题。

通常情况下，新的电调的电源线不带任何插头，需要装配调试人员根据标准焊接电源线插头。电调电源线常用的插头有 XT60 和 XT90 两种，如图 3-9 所示。正品 XT60 插头耐持续放电电流为 80A，是 1m 轴距以下四轴、六轴最起码的配置，轴距更大的多轴飞行器可能需要配备 100～150A 的 XT90 防打火插头。

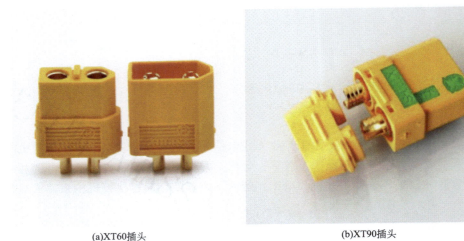

(a)XT60 插头　　　　　　　　　　　(b)XT90 插头

图 3-9　XT60 插头和 XT90 插头

### 3.2.3　火花塞电缆的屏蔽方法

众所周知，火花塞的电极间跳火，继电器触点高速开闭时的电火花，电器工作时产生的电火花，电路中的脉动电流都会产生高频振荡，其中一些以电磁波形式辐射到空中，通过空气传播，而有一些则通过导线传播，使无人机的飞控、接收机等无线接收设备的正常工作受到影响，甚至不能正常工作。在无人机的机载设备上，这种电磁波还能干扰弱电信号（＜1V）的正常传输。因此，一些输送弱电线号的导线均使用屏蔽套对电缆进行屏蔽。无人机常用的屏蔽套如图 3-10 所示。

图 3-10　电缆屏蔽套

在无人机装配过程中，火花塞要带电阻，点火线要加屏蔽套并接地（接发动机外壳或金属机架）。所有舵机线经过磁环过滤。接收机在安装时要远离火花塞，如果是电子点火的接收机则要远离点火器。特别注意的是油门舵机，其一般离火花塞较近，因此一定要做好过滤和屏蔽。

### 3.2.4 电路板的检测

电路板的名称有：陶瓷电路板，氧化铝陶瓷电路板，氮化铝陶瓷电路板，线路板，PCB，铝基板，高频板，厚铜板，阻抗板，超薄线路板，超薄电路板，印刷（铜刻蚀技术）电路板等。在无人机装配过程中常用线路板作为动力电源与电调连接的分电板，如图 3-11 所示。

图 3-11 电路板

电路板主要由焊盘、过孔、安装孔、导线、元器件、接插件、填充物、电气边界等组成，各组成部分的主要功能如下。

① 焊盘：用于焊接元器件引脚的金属孔。
② 过孔：有金属过孔和非金属过孔，其中金属过孔用于连接各层之间的元器件引脚。
③ 安装孔：用于固定电路板。
④ 导线：用于连接元器件引脚的电气网络铜膜。
⑤ 接插件：用于电路板之间连接元器件。
⑥ 填充物：用于地线网络的敷铜，可以有效地减小阻抗。
⑦ 电气边界：用于确定电路板的尺寸，所有电路板上的元器件都不能超过该边界。

在无人机检测与维护工作过程中，由于长期使用或者长期振动造成的焊点松动导致短路或者断路都会造成严重的后果，所以在检测与维护时，学会使用万用表检查电路板上线路的通断是无人机装调人员的必备技能。

**任务实施**

### 3.2.5 共地焊接操作

接收机与数传电台共地焊接的操作步骤及说明见表3-6。

表3-6 接收机与数传电台共地焊接的操作步骤及说明

| 操作步骤 | 操作说明 | 示意图 |
|---|---|---|
| 1 | 将需要与接收机进行共地焊接的数传电台拆开 | 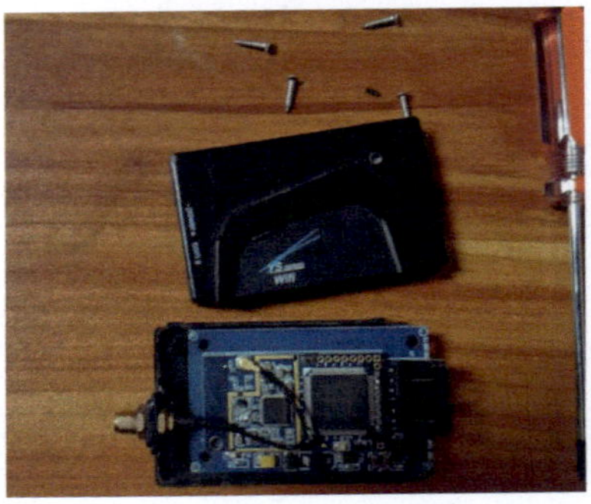 |
| 2 | 找到数传电台地线连接处,如右图箭头所指 |  |
| 3 | 拆开接收机,找到接收机地线连接处,如右图箭头所指 |  |
| 4 | 使用飞线,将数传电台与接收机的地线进行连接 |  |

续表

| 操作步骤 | 操作说明 | 示意图 |
|---|---|---|
| 5 | 将接收机与数传电台的地线与无人机中心板地线连接处共同进行焊接,并检查是否牢固 | 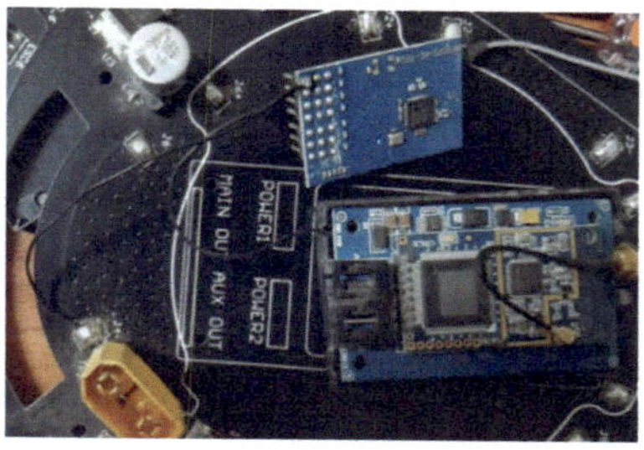 |
| 6 | 焊接完成后,将接收机与数传电台重新装好并固定好,即可完成接收机与数传电台的共地焊接 | 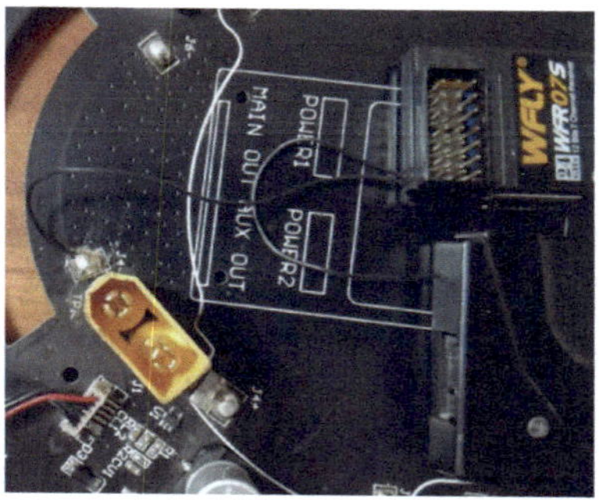 |

## 3.2.6　防打火连接操作

电池与电调防打火连接的操作步骤及说明见表 3-7。

表 3-7　电池与电调防打火连接的操作步骤及说明

| 操作步骤 | 操作说明 | 示意图 |
|---|---|---|
| 1 | 选择需要与动力电池进行连接的电调 | 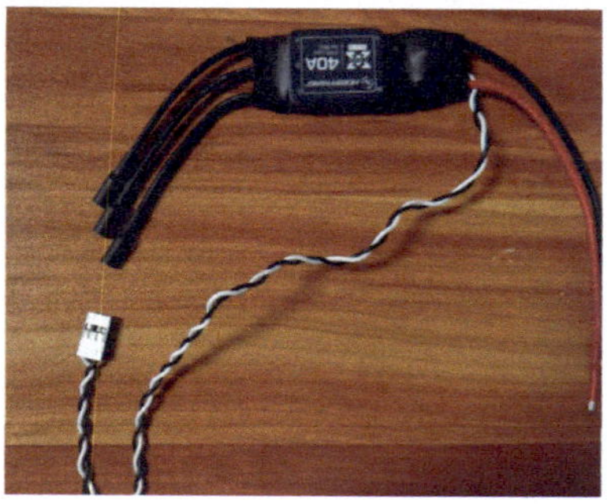 |
| 2 | 将电调红黑电源线焊接上 XT90 公头,并区分好正负极 | 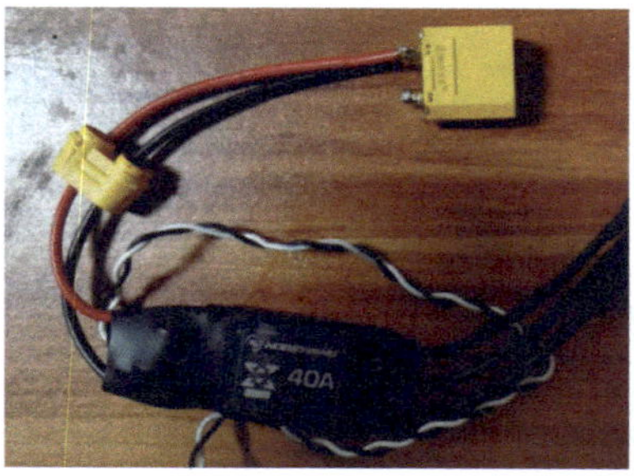 |

续表

| 操作步骤 | 操作说明 | 示意图 |
|---|---|---|
| 3 | 电调的电源线与 XT90 公头的焊接完成后，检查有没有虚焊等情况，防止由于虚焊造成严重后果 | 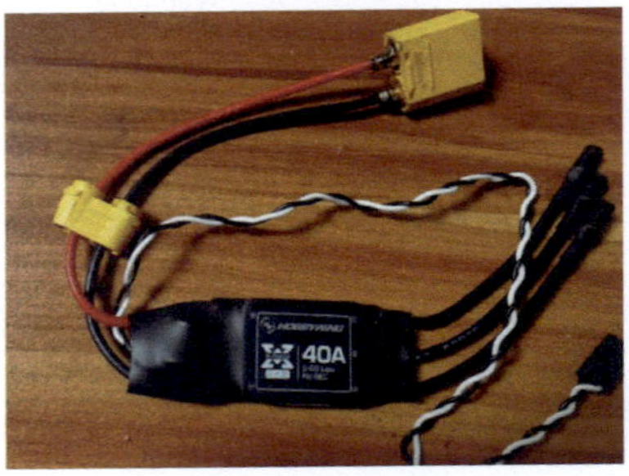 |
| 4 | 焊接完成后将插头保护套与插头连接，防止两个焊点短路引发事故 | 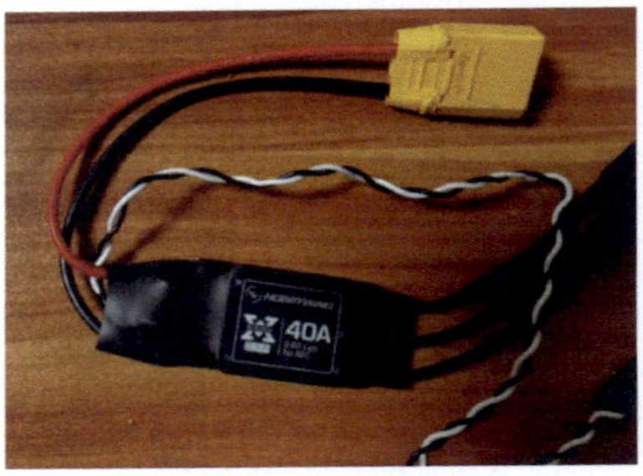 |
| 5 | 将动力电池的电源线焊上 XT90 防打火母头，并区分正负极 | 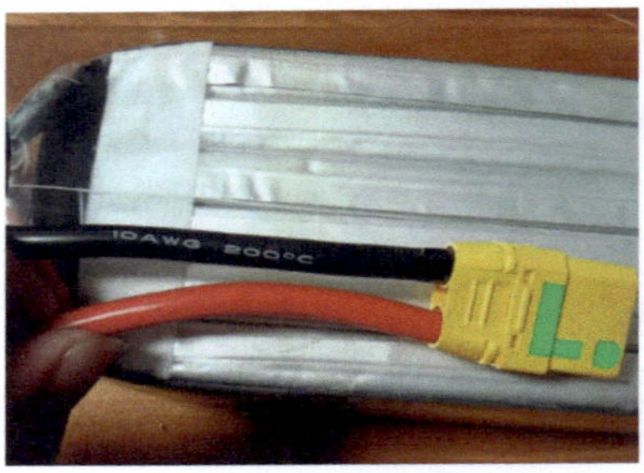 |
| 6 | 将焊接完成的电调与动力电池的插头进行连接，即可完成防打火连接 | 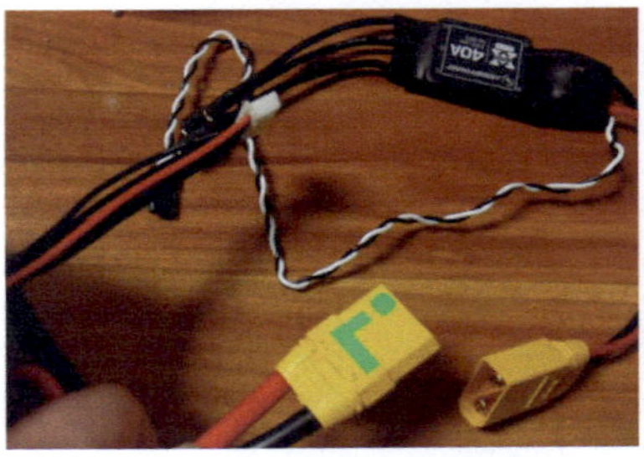 |

### 3.2.7　火花塞电缆的屏蔽

火花塞电缆屏蔽的操作步骤及说明见表 3-8。

表 3-8 火花塞电缆屏蔽的操作步骤及说明

| 操作步骤 | 操作说明 | 示意图 |
| --- | --- | --- |
| 1 | 选择适合的屏蔽套 | 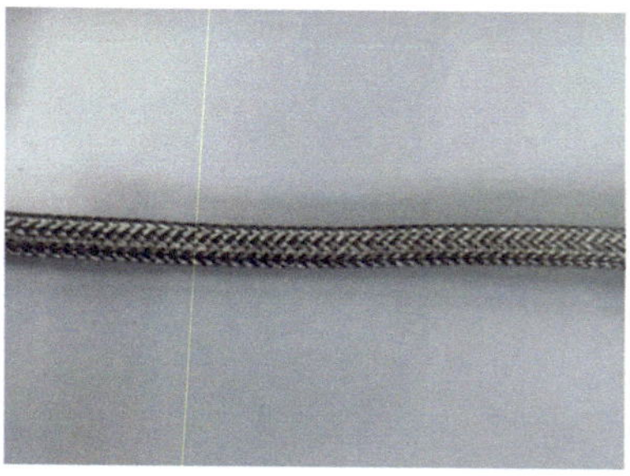 |
| 2 | 对火花塞周围线路进行捆扎 | 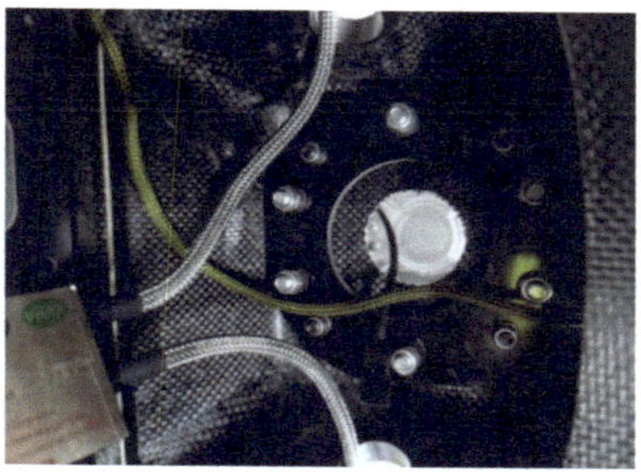 |
| 3 | 将电缆套入屏蔽套 | 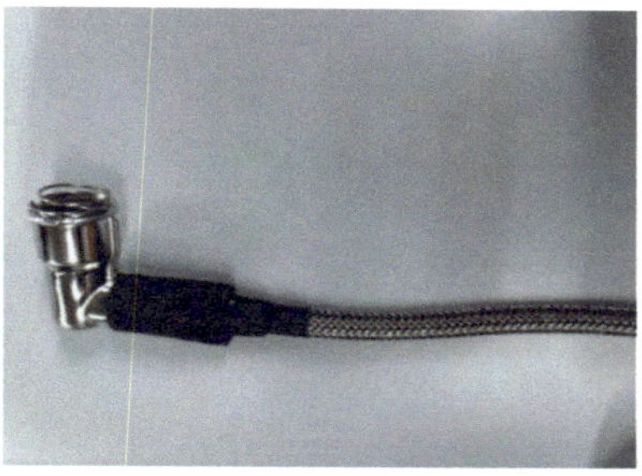 |
| 4 | 将屏蔽套固定 | 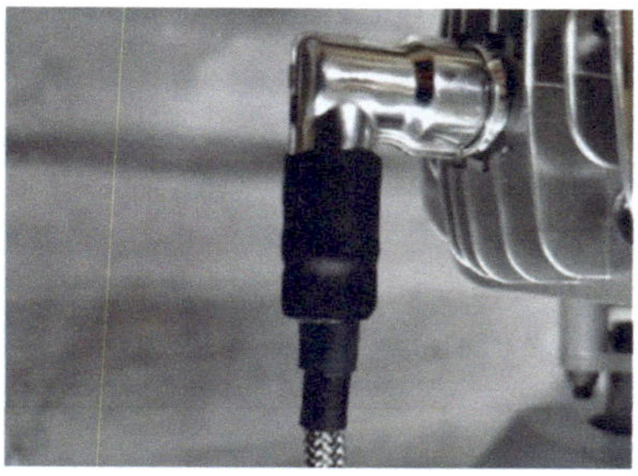 |
| 5 | 完成火花塞电缆的屏蔽 | 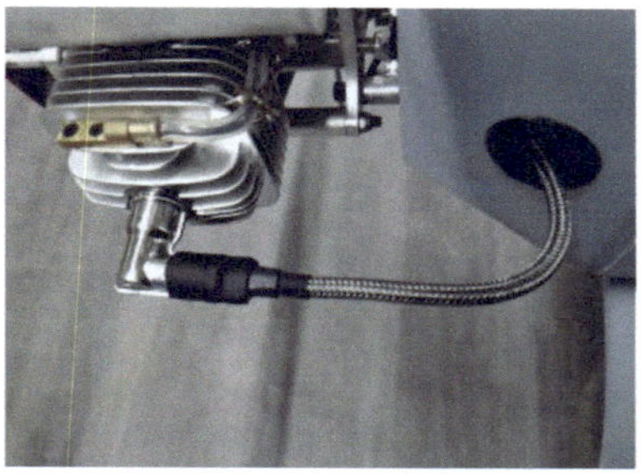 |

## 3.2.8 电路板通断的操作

使用万用表测量电路板通断的操作步骤及说明见表3-9。

表 3-9 使用万用表测量电路板通断的操作步骤及说明

| 操作步骤 | 操作说明 | 示意图 |
| --- | --- | --- |
| 1 | 选择用于测量电路板的数字万用表 | 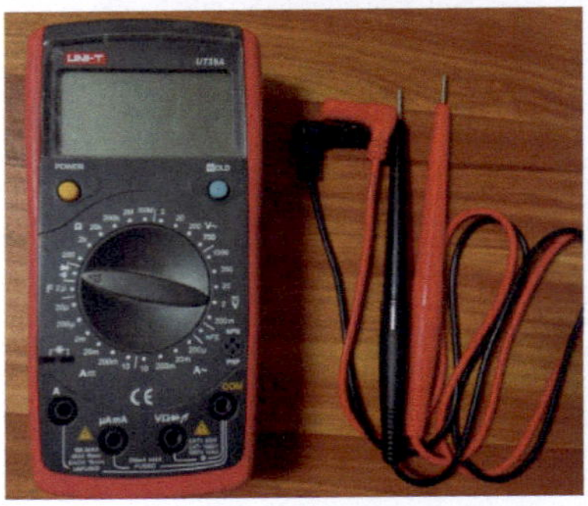 |
| 2 | 将黑色表笔插入 COM 端口,红色表笔插入 VΩ 端口,打开数字万用表,调整刻度旋钮的量程指向,调整到蜂鸣挡 |  |
| 3 | 将两支表笔连接到一起,检查数值变化,如果数值小于1,并且有蜂鸣声,说明万用表正常 | 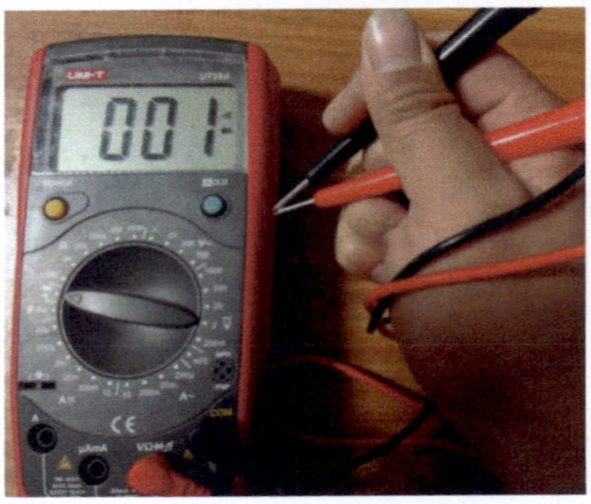 |
| 4 | 将万用表的两支表笔分别连接电路板上两个负极焊点,如果有蜂鸣声并且数值小于1,则表示线路正常,能正常通电 | 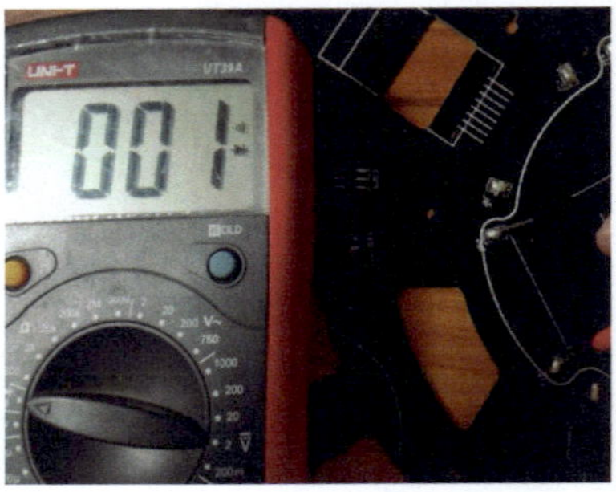 |

续表

| 操作步骤 | 操作说明 | 示意图 |
| --- | --- | --- |
| 5 | 再将万用表的两支表笔分别连接电路板上负极焊点与金属插针负极处,如果有蜂鸣声并且数值小于1,则表示线路正常,能正常通电 | 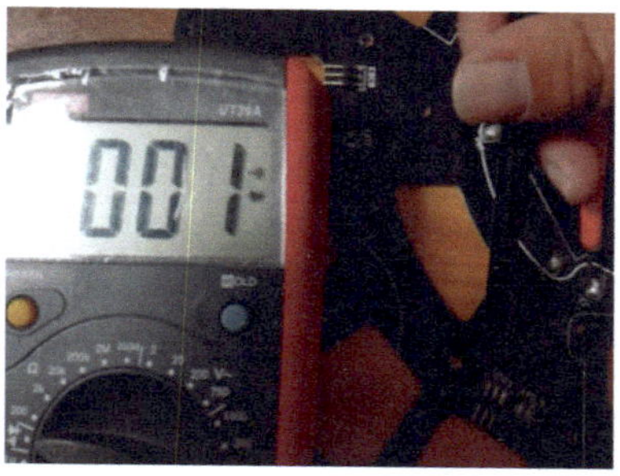 |
| 6 | 将万用表的两支表笔分别连接电路板上负极焊点与金属插针负极处,如果没有蜂鸣声并且数值还是1,则表示该线路为断路,不能正常使用,需要维修 | 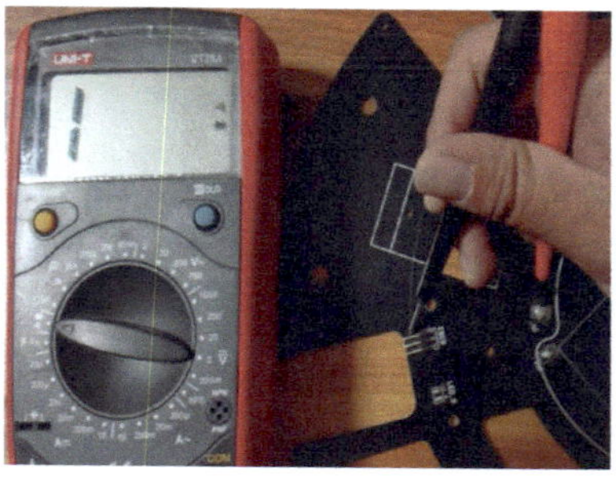 |
| 7 | 测量完成后,关闭万用表,并按规定存放 | 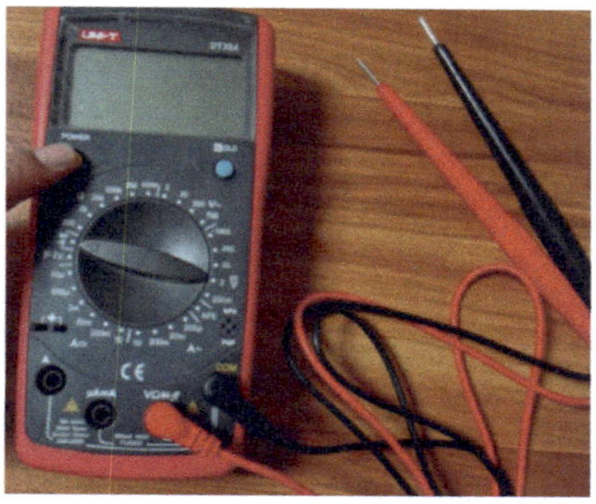 |

任务测评

1. 简述电池与电调防打火连接的重要性。
2. 简述电路板短路可能造成的后果。

**任务反馈**

## 任务 3.3　电子设备识别与拆装

### 知识准备

#### 3.3.1　常用传感器

无人机系统中的传感器相当于人的眼睛、耳朵和鼻子等感觉器官，这些传感器会为我们提供最基本的数据。这些数据是保障无人机飞行的必要条件。可以这么说，对于目前的民用无人机系统而言，这些传感器的好坏决定了飞行的安全。常用的传感器介绍如下。

**(1) 惯性测量单元 IMU**

惯性测量单元 IMU 由三轴陀螺仪、三轴加速度计、三轴地磁传感器和气压计组成。三轴陀螺仪、三轴加速度计和三轴地磁传感器中的三轴指的就是无人机左右、前后和垂直方向这三个轴，一般都用 XYZ 来代表。左右方向在无人机中叫作横滚，前后方向叫作俯仰，垂直方向指的是上下。

① 陀螺仪　最早的陀螺仪是一个高速旋转的陀螺，通过三个灵活的轴将这个陀螺固定在一个框架中，无论外部框架怎么转动，中间高速旋转的陀螺始终保持一个姿态。通过三个轴上的传感器就能够计算出外部框架旋转的度数等数据。由于机械陀螺成本高且机械结构复杂，现在都被电子陀螺仪代替，如图 3-12 所示。电子陀螺仪的优势就是成本低、体积小且重量轻，只有几克重，稳定性还有精度都比机械陀螺高。它的作用主要是测量 XYZ 三个轴的倾角。

图 3-12　电子陀螺仪

图 3-13　三轴加速度计

② 三轴加速度计　加速度是速度变化量与发生这一变化时间的比值，是描述物体变化快慢的物理量，单位为 $m^2/s$。例如一辆车在停止状态下，它的加速度是 0，起步后，从 0m/s 到 10m/s，用时 10s，这就是这辆车的加速度。如果以车速 10m/s 行驶，它的加速度就是 0。同样，用 10s 的时间减速，从 10m/s 减速到 5m/s，那么它的加速就是负数。三轴加速度计主要是测量无人机 XYZ 三个轴的加速度。图 3-13 所示为三轴加速度计。

③ 气压计　气压计主要是测量当前位置的大气压。气压计通过测量不同位置的气压来计算压差获得当前的高度。通常在飞控的惯性测量单元 IMU 模块中会设有一个进气小孔，用于气压计的大气压力测量。图 3-14 所示为惯性测量单元 IMU 中用于气压计工作的进气小孔。

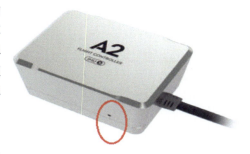

图 3-14　气压计进气小孔

(2) 电子罗盘

电子罗盘可以感知地磁，相当于一个电子指南针（或叫电子罗盘），它可以让无人机知道自己的飞行朝向，机头朝向，找到任务位置和家的位置。一般情况下，电子罗盘会与 GPS 集成在一起，安装时应远离其他电子设备，进而避免自身对指南针造成干扰，如图 3-15 所示。

图 3-15　电子罗盘与指南针

(3) 电流电压传感器

电流电压传感器主要用于实时监测无人机的当前电压，并且可以计算出剩余电流。图 3-16 所示为多旋翼无人机的电源管理模块，其也称为 PMU，其中就包含了电压传感器，其可以实时监测无人机电源的当前电压。

图 3-16　集成电压传感器

#### (4) GPS 位置传感器

GPS 是无人机中用于采集位置信息的一种传感器。通过 GPS 可以获得到当前无人机所处的经纬度以及海拔高度，同时 GPS 还可以提供一种不同于空速计所提供的速度，即地速。图 3-17 所示为 GPS 的内部结构。

图 3-17　GPS 的内部结构

#### (5) 超声波传感器

超声波传感器是将超声波信号转换成其他能量信号（通常是电信号）的传感器，如图 3-18 所示。超声波是振动频率高于 20kHz 的机械波。它具有频率高、波长短、绕射现象小，特别是方向性好、能够成为射线而定向传播等特点。超声波对液体、固体的穿透本领很大，尤其是在阳光不透明的固体中。超声波碰到杂质或分界面会产生显著反射而形成反射回波，碰到活动物体能产生多普勒效应。

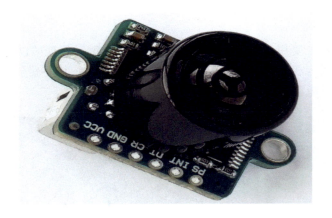

图 3-18　超声波传感器

#### (6) 视觉传感器

视觉传感器是捕获光线的设备，如图 3-19 所示。图像的清晰和细腻程度通常用分辨率来衡量，以像素数量表示。无论距离目标数米或数厘米远，传感器都能"看到"

十分细腻的目标图像。在捕获图像之后，视觉传感器将其与内存中存储的基准图像进行比较，以作出分析。

图 3-19　视觉传感器

### 3.3.2　电烙铁

**(1) 电烙铁的分类**

电烙铁是电子制作和电器维修的必备工具，主要用途是焊接元件及导线。按机械结构可分为内热式电烙铁和外热式电烙铁，按功能可分为无吸锡式电烙铁和吸锡式电烙铁，根据用途不同又分为大功率电烙铁和小功率电烙铁。

① 外热式电烙铁　由烙铁头、烙铁芯、外壳、木柄、电源引线、插头等部分组成。由于烙铁头安装在烙铁芯里面，故称为外热式电烙铁。烙铁芯是电烙铁的关键部件，它是将电热丝平行地绕制在一根空心瓷管上构成，中间的云母片绝缘，并引出两根导线与 220V 交流电源连接。外热式电烙铁的规格很多，常用的有 25W、45W、75W、100W 等，功率越大，烙铁头的温度也就越高。图 3-20 所示为常见外热式电烙铁。

图 3-20　外热式电烙铁

② 内热式电烙铁　由手柄、连接杆、弹簧夹、烙铁芯、烙铁头组成。由于烙铁芯安装在

烙铁头里面，因而发热快，热利用率高，因此称为内热式电烙铁。内热式电烙铁的常用规格为20W、50W两种。由于它的热效率高，20W内热式电烙铁的作用就相当于40W左右的外热式电烙铁的作用。内热式电烙铁的后端是空心的，用于套接在连接杆上，并且用弹簧夹固定，当需要更换烙铁头时，必须先将弹簧夹退出，同时用钳子夹住烙铁头的前端，慢慢地拔出，切记不能用力过猛，以免损坏连接杆。图3-21所示为常见的内热式电烙铁。

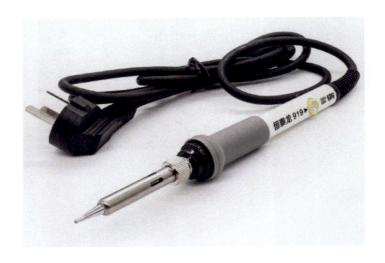

图 3-21 内热式电烙铁

在无人机领域选用电烙铁时，多选用可调恒温内热式电烙铁，如图3-22所示。

图 3-22 可调恒温内热式电烙铁

(2) 焊接工艺

① 焊接法　不同的焊接对象，其需要的电烙铁工作温度也不相同。判断烙铁头的温度时，可将电烙铁碰触松香，若烙铁碰到松香时，有"吱吱"的声音，则说明温度合适；若没有声音，仅能使松香勉强熔化，则说明温度低；若烙铁头一碰上松香就大量冒烟，则说明温度太高。一般来讲，焊接的步骤主要有三步：

a. 在烙铁头上先熔化少量的焊锡和松香,并将烙铁头和焊锡丝同时对准焊点;
b. 在烙铁头上的助焊剂尚未挥发完时,将烙铁头和焊锡丝同时接触焊点,开始熔化焊锡;
c. 当焊锡浸润整个焊点后,同时移开烙铁头和焊锡丝,或先移开锡线,待焊点饱满漂亮之后再移开烙铁头和焊锡丝。

焊接过程一般以 2~3s 为宜。焊接集成电路时,要严格控制焊料和助焊剂的用量。为了避免因电烙铁绝缘不良或内部发热器对外壳感应电压而损坏集成电路,实际应用中常采用拔下电烙铁的电源插头趁热焊接的方法。

② 焊接质量　焊接时,应保证每个焊点焊接牢固、接触良好。锡点应光亮、圆滑无毛刺,且锡量适中。锡和被焊物熔合牢固,不应有虚焊和假焊。虚焊是指焊点处只有少量锡焊住,造成接触不良,时通时断。假焊是指表面上好像焊住了,但实际上并没有焊上,有时用手一拔,引线就可以从焊点中拔出。

③ 焊接材料　对于不易焊接的材料,应采用先镀后焊的方法,例如,对于不易焊接的铝质零件,可先给其表面镀上一层铜或者银,然后再进行焊接。具体做法是,先将一些 $CuSO_4$(硫酸铜)或 $AgNO_3$(硝酸银)加水配制成浓度为 20% 左右的溶液;再把吸有上述溶液的棉球置于用细砂纸打磨光滑的铝件上面,也可将铝件直接浸于溶液中。由于溶液里的铜离子或银离子与铝发生置换反应,大约 20min 后,在铝件表面便会析出一层薄薄的金属铜或者银。用海绵将铝件上的溶液吸干净,置于灯下烘烤至表面完全干燥。完成以上工作后,在其上涂上含有松香的酒精溶液,便可直接焊接。

### (3)使用注意事项

① 电烙铁使用前应检查使用电压是否与电烙铁标称电压相符;
② 电烙铁应该具有接地线;
③ 电烙铁通电后不能任意敲击、拆卸及安装其电热部分零件;
④ 电烙铁应保持干燥,不宜在过分潮湿或淋雨环境下使用;
⑤ 拆烙铁头时,要切断电源;
⑥ 切断电源后,最好利用余热在烙铁头上涂一层锡,以保护烙铁头;
⑦ 当烙铁头上有黑色氧化层时候,可用砂布擦去,然后通电,并立即上锡;
⑧ 海绵用来收集锡渣和锡珠,以用手捏刚好不出水为宜。

### 3.3.3　热风枪

热风枪主要是利用发热电阻丝的枪芯吹出的热风来对元件进行焊接与摘取元件的工具。根据热风枪的工作原理,热风枪控制电路的主体部分应包括温度信号放大电路、比较电路、可控硅控制电路、传感器、风控电路等。另外,为了提高电路的整体性能,还应设置一些辅助电路,如温度显示电路、关机延时电路和过零检测电路。设置温度显示电路是为了便于调温。温度显示电路所显示的温度为电路的实际温度,工人在操作过程中可以依照显示屏上显示的温度来手动调节。

在无人机领域中常用的热风枪主要为台式数字温控型热风枪,如图 3-23 所示。其主要作用是对线路包覆的热缩管进行热缩和无人机的电子设备元器件进行更换。

热风枪的使用方法如下:吹焊小贴片元件一般采用小嘴喷头,热风枪的温度调至 2~3 挡,风速调至 1~2 挡。待温度和气流稳定后,便可用手指钳夹住小贴片元件,使热风枪的喷头离要拆卸的元件2～3cm，并保持垂直。在元件的上方均匀加热，待元件周围的焊锡熔化后用手指钳将其取下。如果焊接小元件，要将元件放正，若焊点上的锡不足，可用烙铁在焊点上加注适量的焊锡。焊接方法与拆卸方法一样，只要注意温度与气流方向即可。

图 3-23　台式数字温控型热风枪

  任务实施

### 3.3.4　机体电子设备布线的识别

机体电子设备布线识别的操作步骤及说明见表 3-10。

表 3-10　机体电子设备布线识别的操作步骤及说明

| 操作步骤 | 操作说明 | 示意图 |
|---|---|---|
| 1 | 识别无刷电机的输入线，无刷电机输入线穿过机臂内部，并与内部的无刷电调输出端连接 | |
| 2 | 识别无刷电调的信号控制线，无刷电调的信号控制线通常直接连接至飞控，为了方便布线，有些无人机在下中心板内集成有无刷电调信号控制线接口并可以直接连接 | |

续表

| 操作步骤 | 操作说明 | 示意图 |
|---|---|---|
| 3 | 识别无刷电调的电源输入线,多旋翼无人机有多个无刷电调,因此通常会将无刷电调的电源输入端口接入分电板,由分电板集中供电 | 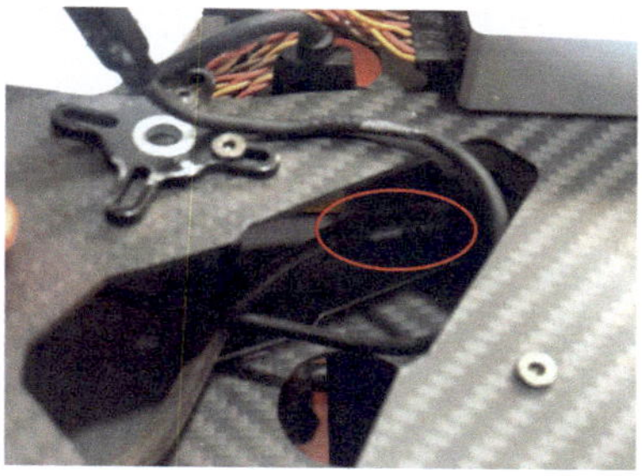 |
| 4 | 识别分电板总电源的输入线,输入线通常置于下中心板下方或上方,接线口朝后 | 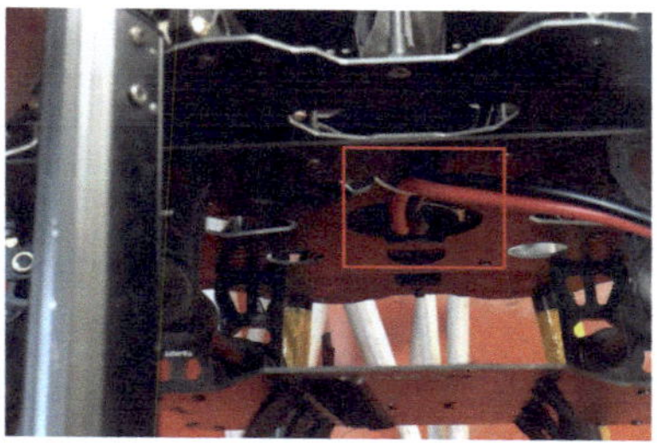 |
| 5 | 识别无刷电调的信号控制线及对应接口 | 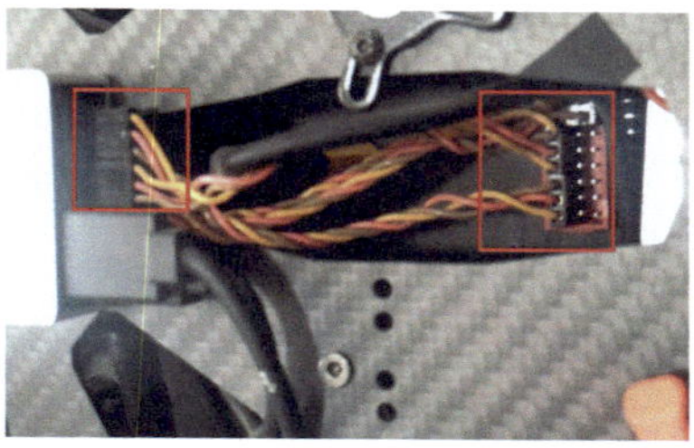 |
| 6 | 识别飞控系统 PMU 的安装位置 | 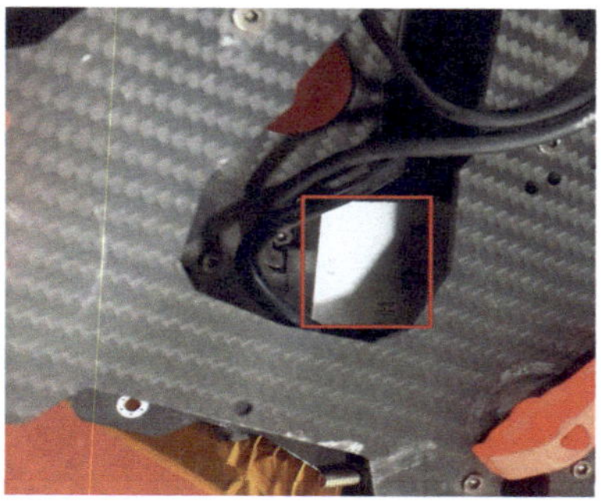 |
| 7 | 识别飞控 PMU 与主控器端口,PMU 的接口一般会有明显的标识,飞控用户手册中也会有明显的标注 | 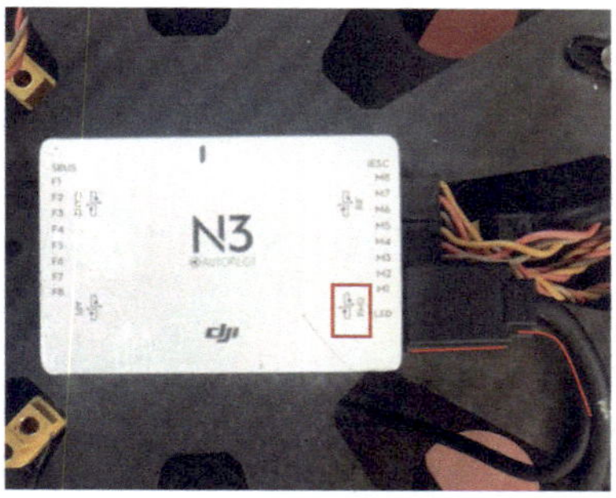 |

续表

| 操作步骤 | 操作说明 | 示意图 |
|---|---|---|
| 8 | 识别飞控 PMU 的供电接口,通常情况下,飞控 PMU 电源输入端口直接从分电板上取电,或用 Y 线与无刷电调电源输入线直接并联 | 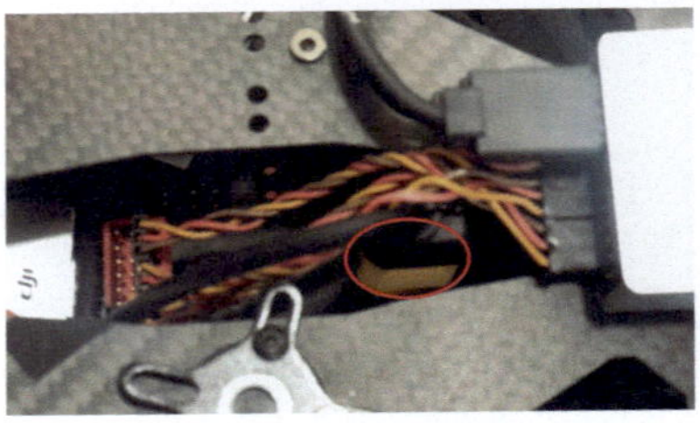 |
| 9 | 识别 LED 指示灯的安装位置 |  |
| 10 | 识别 LED 指示灯的接入口,通常情况下,飞控主控器上会有明显的标注 | 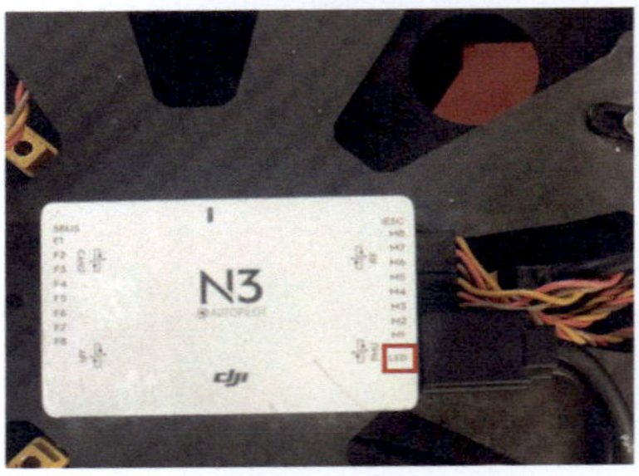 |
| 11 | 识别 GPS 接入口,不同的飞控接入口不同,要根据飞控用户手册的相关说明进行安装 |  |
| 12 | 识别飞控与接收机间的接线 |  |

## 3.3.5 热风枪的使用

热风枪使用的操作步骤及说明见表 3-11。

表 3-11　热风枪使用的操作步骤及说明

| 操作步骤 | 操作说明 | 示意图 |
|---|---|---|
| 1 | 按下风枪控制台上的"POWER"键后,风枪电源将会接通,同时仪表显示器被点亮 | 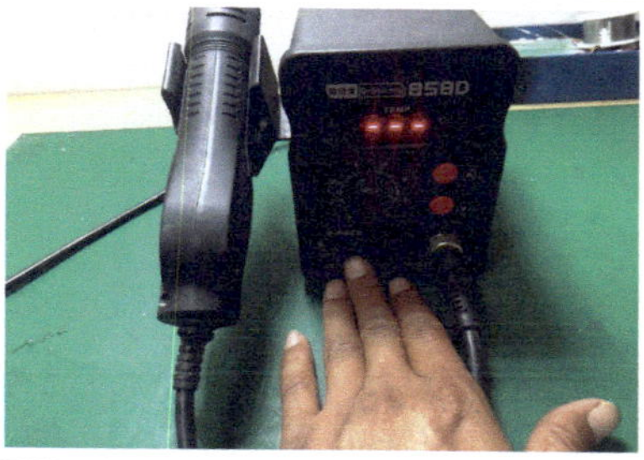 |
| 2 | 确定要拆卸的芯片后,根据芯片位置与芯片所用焊锡的型号来确定风枪温度的大小与风量的大小(通常集成电路板多采用低温焊锡) | 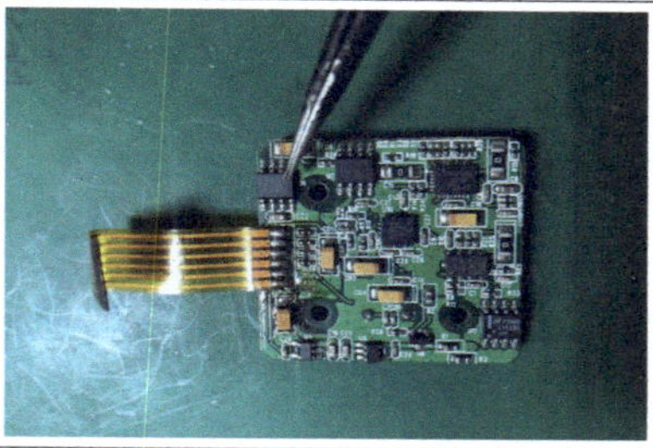 |
| 3 | 调整风枪出风温度至 350℃左右即可 | 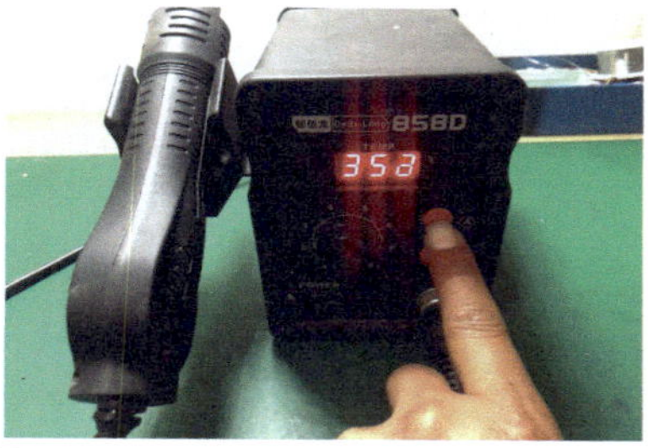 |
| 4 | 调整风枪风量大小(由于芯片位置周围焊有其他电子元器件,为了避免造成其他电子元器件的损坏及松动,建议使用中等风量或低风量) | 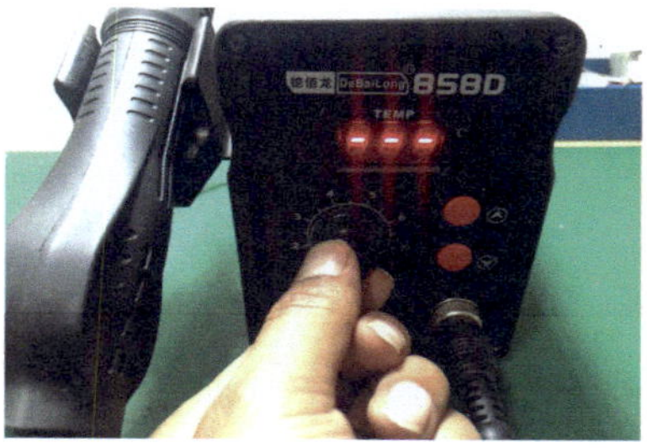 |
| 5 | 拿起风枪,等待温度上升至预设温度(通常情况下出风口朝下时风枪会自动启动并升温) | 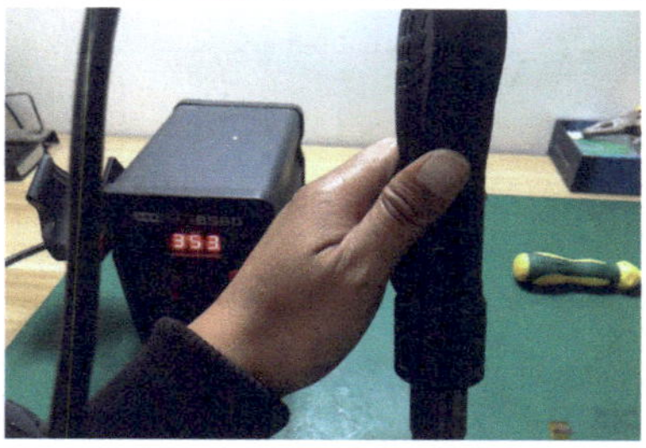 |

续表

| 操作步骤 | 操作说明 | 示意图 |
|---|---|---|
| 6 | 待风枪上升至预设温度后,对要拆卸的芯片进行加热(加热过程中不建议移动风枪风口位置) |  |
| 7 | 当芯片各针脚处的锡融化后即可用镊子取下芯片 | 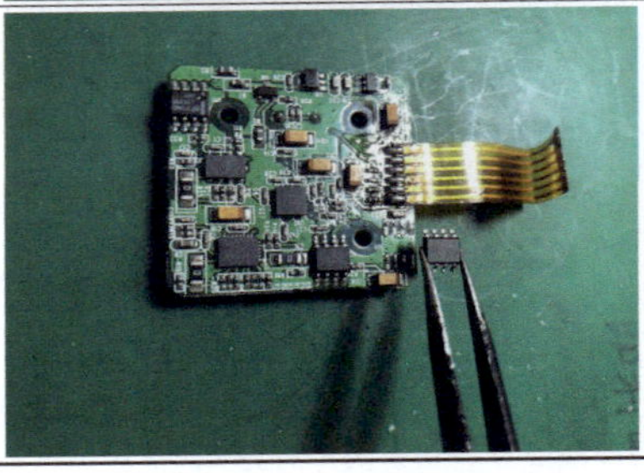 |

### 3.3.6 电烙铁的使用

电烙铁使用的操作步骤及说明见表3-12。

表 3-12 电烙铁使用的操作步骤及说明

| 操作步骤 | 操作说明 | 示意图 |
|---|---|---|
| 1 | 打开烙铁控制台的主电源开关 | 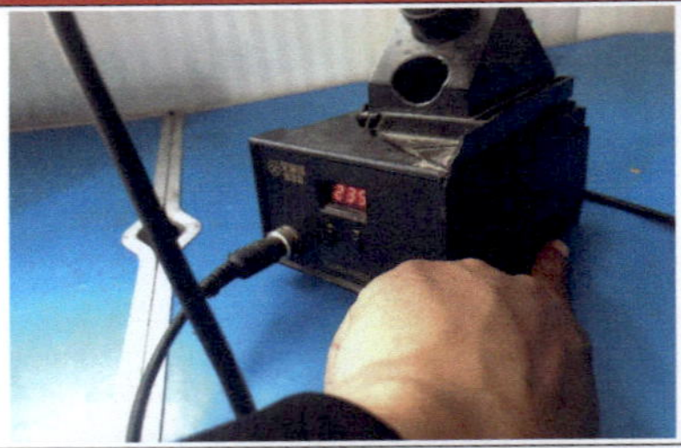 |
| 2 | 通过烙铁控制台温控开关设定焊接所需的焊接温度 |  |
| 3 | 等待烙铁控制台上的显示温度上升至预先设置温度 |  |

续表

| 操作步骤 | 操作说明 | 示意图 |
| --- | --- | --- |
| 4 | 取少量焊锡丝对烙铁头上的温度进行测试，如可以迅速融化焊锡丝，则表示预先设置的焊接温度合适，如不能迅速融化则表示温度过低 | 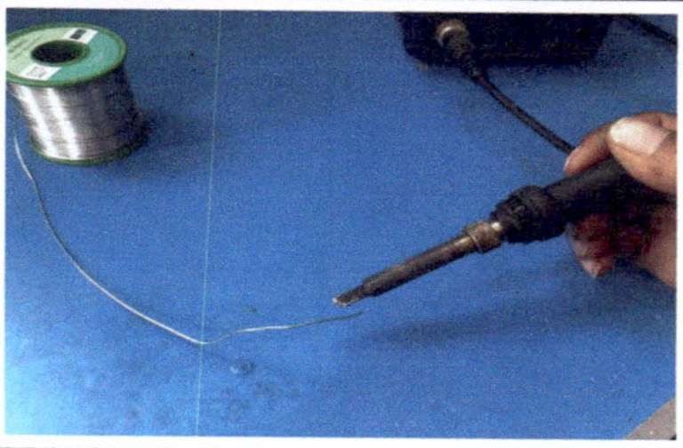 |
| 5 | 将预焊插头进行初步上锡 | 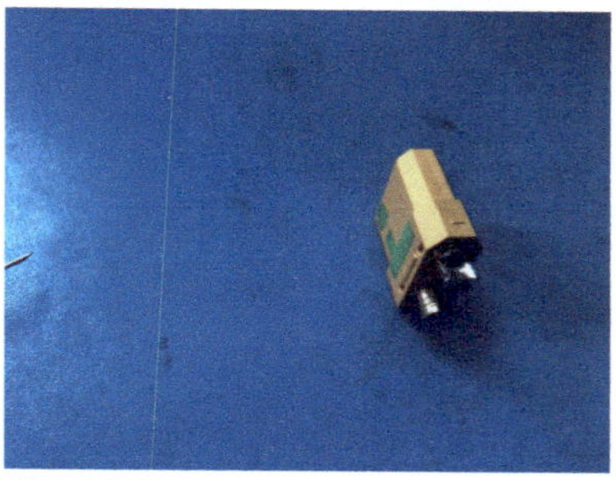 |
| 6 | 将预焊导线上锡（导线上锡时要确保导线内的所有铜丝均沾有焊锡，避免虚焊） | 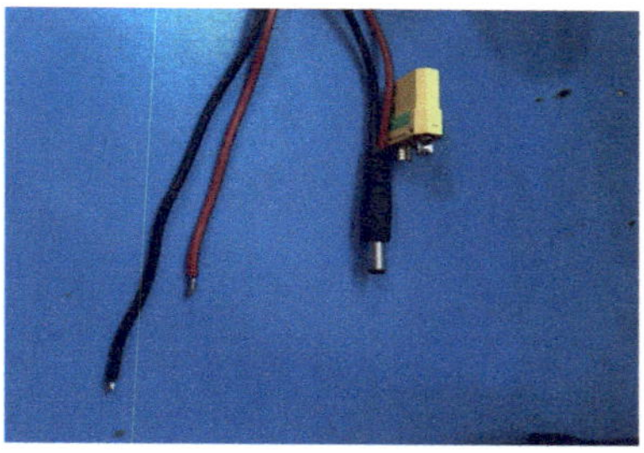 |
| 7 | 将导线与插头焊接（焊锡量应适当，过少可导致焊接强度不够而使插头与导线分离） | 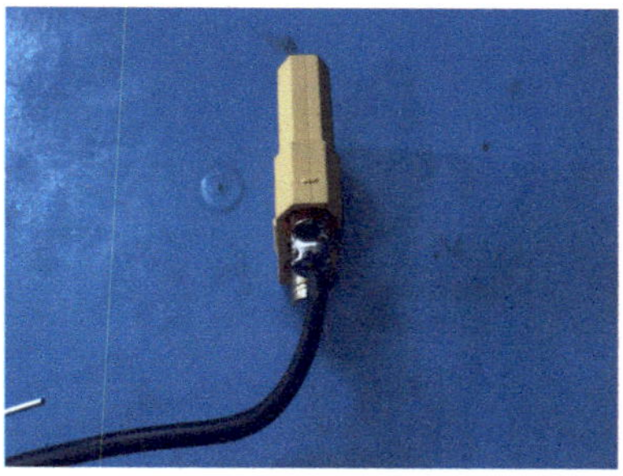 |

 **任务测评**

1. 简述惯性测量单元IMU的作用。
2. 简述热风枪的使用方法。

**任务反馈**

## 任务 3.4　插头的拆装

### 知识准备

#### 3.4.1　常用插头

不同的插头被应用在电子设备间的不同位置的连接。不同的插头有着不同的用途，通常会根据各种插头所承载的电流能力不同而应用在不同的位置，因此在组装一台无人机时，对插头的选择要经过科学合理的挑选。

**(1) 香蕉插头**

香蕉插头用于无刷电调与无刷电机的直接连接，如图 3-24 所示。通常香蕉插头多为成对使用，凸起的一头为公头，凹进去的则为母头。其也是一种可以快速插拔式的电源插头。其主要参数为插头直径及所允许通过的最大电流，通常情况下插头直径的数值越大则表示所能承受的通过电流越大。根据插头直径的大小可分为 2.0～8.0mm 的插头。一般对于多旋翼无人机无刷电机与无刷电调之间的连接而言，多采用 3.0～3.5mm 的香蕉插头，这就可以满足承载电流的需求。在较大尺寸的固定翼无人机与无人直升机中多采用承载电流能力较好的大直径香蕉插头，通常情况下该直径为 4.0～8.0mm。

**(2) 电源插头**

用于电池与电子调速器之间连接的插头通常被称为电源插头。由于不同级别的无人机在不同的工况下对电流的大小需求的不同，因此电源插头的种类也是非常多的。常见的有 T 形插头、XT60 插头、XT90 插头、XT150 插头等。

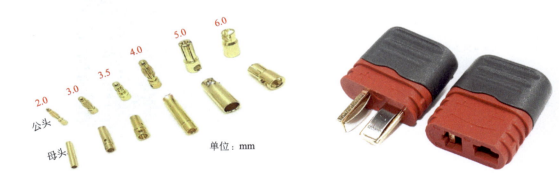

图 3-24　香蕉插头　　　　　　　　　　图 3-25　T 形插头

① T 形插头　其是早期航模领域中使用较多的一种插头。由于插头中金属导电部分一个为横置，另一个为纵置，两者形成一个字母"T"的样子，如图 3-25 所示，所以被称为 T 形插头。T 形插头这样设计的原因是为了防止在用电过程中的短接。

② XT60 插头和 XT90 插头　XT60 插头如图 3-26 所示，插头里面是 3.5mm 的香蕉插

头，由于外壳端部一边为直边，一边为斜边，因此可以防止正负极接反，通常用作电源接头，成对使用，一头凸出的为公头，凹进去的为母头。XT90 插头与 XT60 插头外形相似，只是尺寸大了一号，里面的香蕉插头为 4.5mm。后续 XT90 插头在内部加入了用于防打火的电容，以防止电源接通时由于电流过大对插头造成的损坏，如图 3-27 所示。

图 3-26　XT60 插头

图 3-27　XT90 插头

③ XT150 插头和 AS150 插头　XT150 插头与 AS150 插头均为大电流电源插头，其插头内部香蕉插头的直径可达 6～8mm，因此在承载电流方面具有很强的能力。通常情况下这两种插头会设置防反接功能，外套较粗的为母头，较细的为公头。此外，可使用不同的颜色来区分正负极，因此安全性也比较高。图 3-28 所示为 XT150 插头，图 3-29 为 AS150 插头。

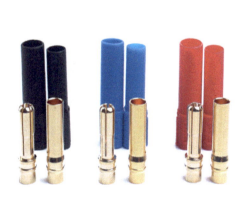

图 3-28　XT150 插头

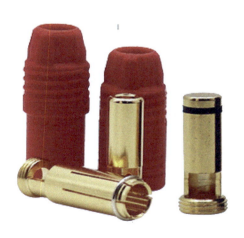

图 3-29　AS150 插头

**(3) 杜邦插头**

杜邦插头通常在舵机控制线与电调控制线中使用较多，其次也用于接收机与飞控的连接。杜邦插头的针数不一，有独立一个的，也有多根线束组合在一起的，如图 3-30 所示。

在电调控制线或舵机控制线中杜邦插头多为三组线束，通常用红色线表示电源"+"，用黑色线表示电源"-"，其他颜色的线，例如，白色、黄色，则表示"信号线"。

图 3-30　杜邦插头

 **任务实施**

### 3.4.2　XT90 插头的焊接

XT90 插头焊接的操作步骤及说明见表 3-13。

插头焊接和
绝缘处理

表 3-13　XT90 插头焊接的操作步骤及说明

| 操作步骤 | 操作说明 | 示意图 |
| --- | --- | --- |
| 1 | 将预焊接导线预先套置热缩管，以便后期线路绝缘 |  |
| 2 | 将预焊接导线进行焊锡处理 |  |

续表

| 操作步骤 | 操作说明 | 示意图 |
|---|---|---|
| 3 | 将焊接插头的接线柱进行焊锡处理 |  |
| 4 | 依次将焊接导线焊接至插头接线柱上 | 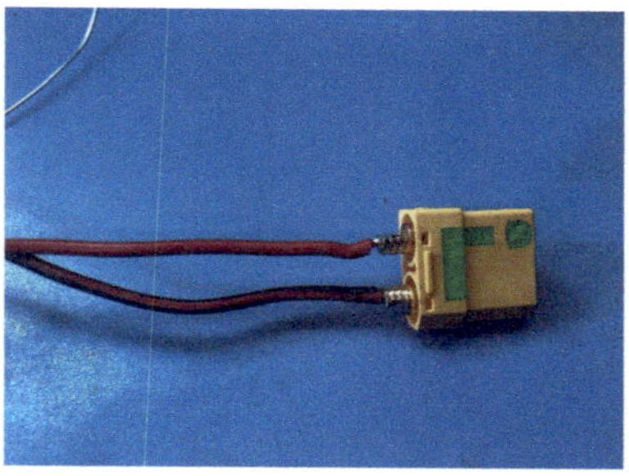 |
| 5 | 将预先套置的热缩管放置在接线焊点处 | 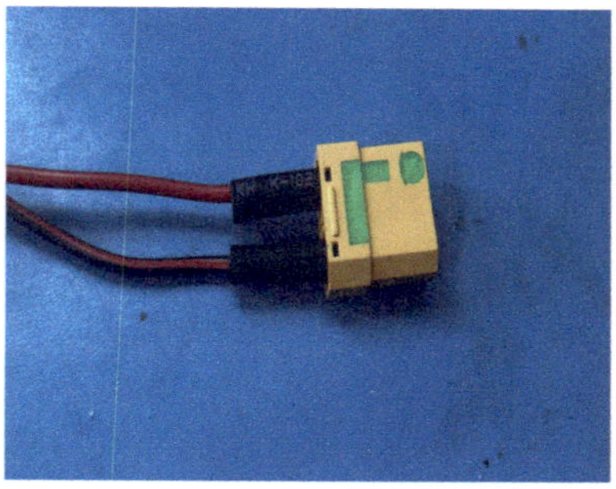 |
| 6 | 用热风枪将热缩管进行热缩处理,直至热缩管锁紧导线与插头接线柱 | 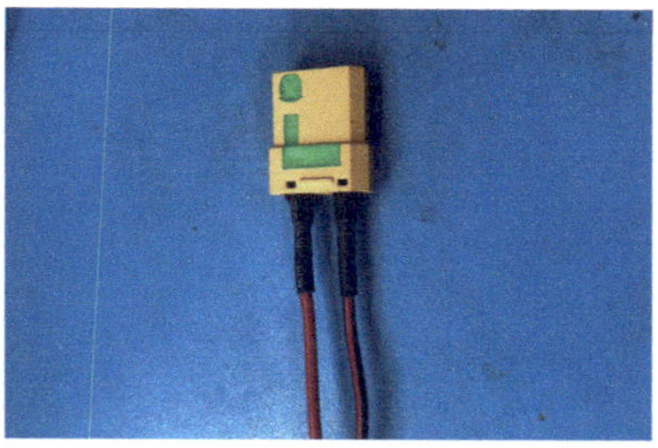 |

## 3.4.3　杜邦插头的更换

杜邦插头更换的操作步骤及说明见表 3-14。

表 3-14　杜邦插头更换的操作步骤及说明

| 操作步骤 | 操作说明 | 示意图 |
|---|---|---|
| 1 | 准备拆卸杜邦插头所需要的工具（杜邦插头的拆卸工具可以选用镊子或尖锐细小的其他工具） | 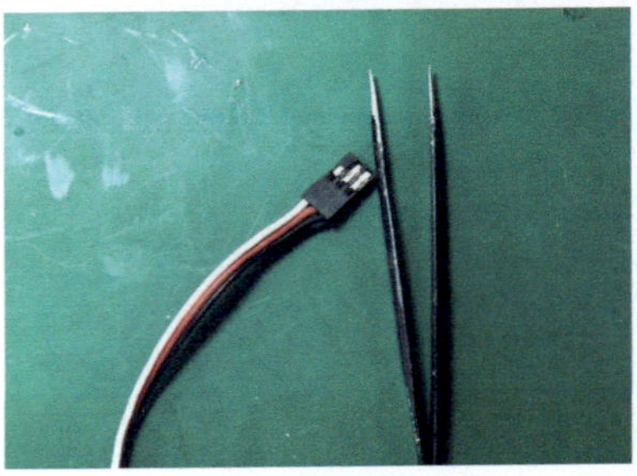 |
| 2 | 将杜邦插头上的插针卡扣用镊子或其他工具翘起 | 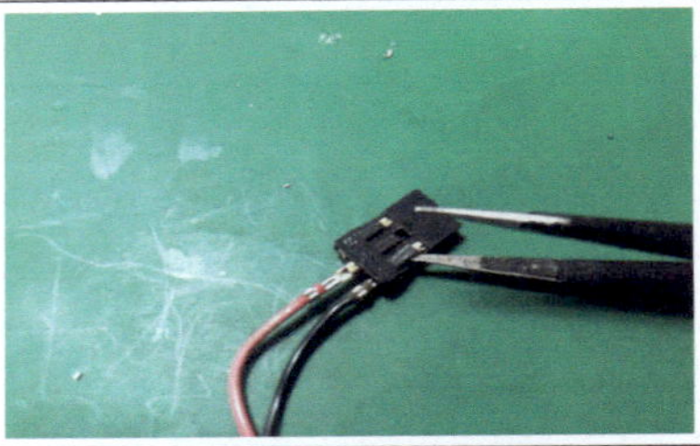 |
| 3 | 抽出杜邦插头内部的线束 | 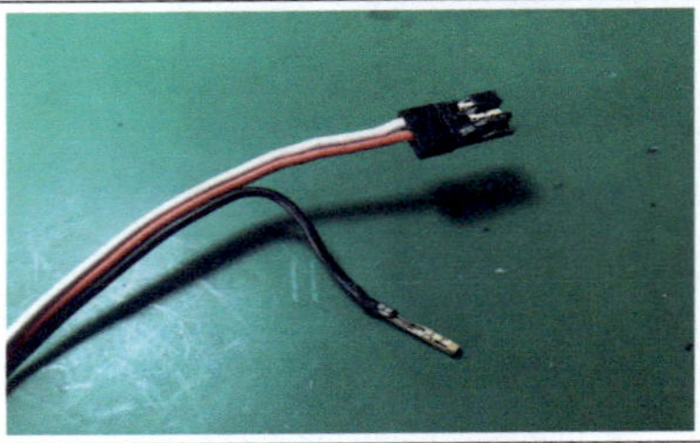 |
| 4 | 依照第二步操作将杜邦插头的其他线束依次取出 | 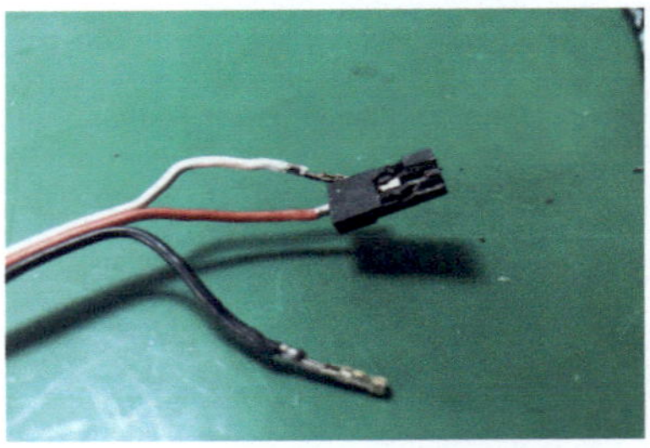 |
| 5 | 将所有线束插入全新的杜邦插头内（插入线束时注意插针的正反，反向插入可导致插针无法固定于杜邦插头内部） | 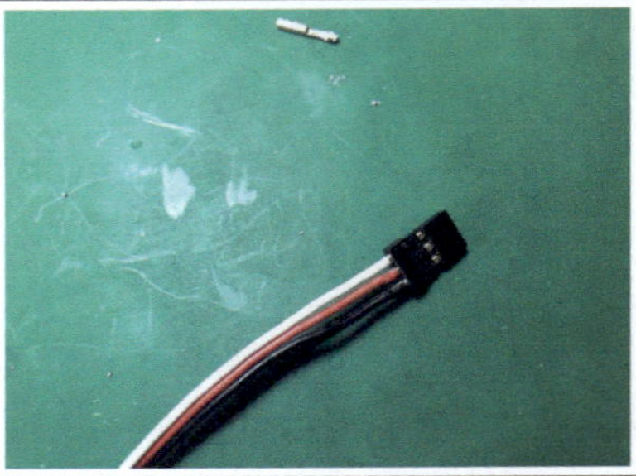 |

 **任务测评**

1. 简述常用的防打火插头。
2. 简述杜邦插头的更换步骤。

*任务反馈*

# 项目 4

# 民用无人机任务载荷的使用

 项目描述

▶ 项目引入

无人机的价值体现主要是通过无人机所挂载的任务载荷实现的。从使用角度看，任务载荷的维护维修工作的好坏决定了无人机的作用大小。因此，掌握无人机任务载荷的维护和保养显得十分重要。

▶ 知识、技能分解思维导图

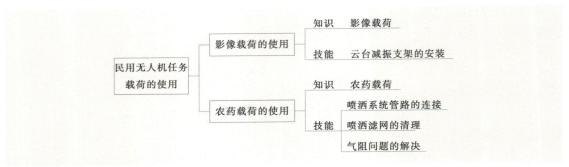

▶ 素质培养——社会责任

无人机已经在各行各业广泛应用，尤其是在 2020 年 2 月武汉疫情暴发初期，中国电科联合顺丰速运在武汉地区，采用无人机将急需的医疗和防疫物资快速送到武汉金银潭医院。2020 年 2 月 12 日，无人机共运输紧急医疗物资近 20 架次，总载重 70kg。因此，要鼓励学生大胆创新无人机的应用，从而更好地为社会服务。

▶ 任务提出

常见的任务载荷主要有影像载荷和农药载荷两种类型。影像载荷主要用来侦察和检测等，比如高空拍摄、电力巡查等；农药载荷主要用于农药的喷洒，比如小麦、水稻和果树的农药喷洒等。在本项目中，将对这两种类型的任务载荷进行详细的阐述。

**知识与技能要点记录**

## 任务 4.1　影像载荷的使用

知识准备

### 4.1.1　影像载荷

**(1) 普通光学相机**

在民用无人机的机载设备中，普通的光学数码相机应该是最为普遍应用的设备。数码光学相机的成像原理与早期的机械式相机类似，只是将原来的胶卷感光换成了感光电子元器件，并加入了图像解码模块，从而实现将光学感光图像转换成标准的电子图片（图 4-1）。

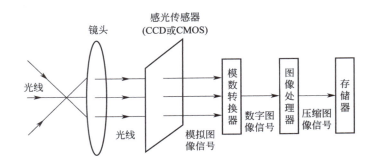

图 4-1　数码相机的工作原理图

目前数码相机有单反相机、卡片相机、长焦相机、微单相机等种类，而在消费级和工业级无人机领域中，主要使用卡片相机和一种改进版本的单反相机（图 4-2）。这些相机的主要参数有传感器类型、ISO、像素、分辨率、工作模式、曝光模式、存储格式等。

图 4-2　无人机的机载相机

① 传感器　传感器是数码相机的感光元器件，可将光信号转换成电信号。目前主要有

两种类型：CCD 和 CMOS。

② ISO　ISO 称为感光度，用于衡量数码相机对光线的灵敏度或者感知程度。数值越高则表示感光度越高，相机拍摄品质越好。

③ 像素　数码图片是用一个大型矩阵来显示图片的，其中每一个矩阵点就是一个基本像素点，每个像素点的颜色彼此不同，从而能够展现出丰富的画面。像素点越多，表现的图片清晰度就越高。

④ 分辨率　分辨率包括图像分辨率和视频分辨率，实际上是对像素的一种具体使用分配方法，分辨率越高图像细节显示得越好，但是需要的存储空间就越大。

⑤ 存储格式　目前图像存储格式以 JPG、JPEG 和 PNG 格式居多，视频存储格式以 MP4、MO 等居多，如果需要其他格式需要自行进行格式转换。

(2) 红外成像设备

普通光学相机的图像都是物体所发射可见光的像，但是可能并不满足一些特殊应用行业的使用要求，比如对于电力系统而言，希望能够实时判断电气设备故障出现在哪里，而不是简简单单地拍照。在这种需求背景下，红外热成像摄像设备就被引入到无人机的机载设备中了。

在自然界中，所有物体的温度都高于绝对温度，因此都会在表面向外界产生红外线的辐射，物体自身温度的高低会对其所辐射红外线强度产生影响。因此，只要接收到这种红外线信号并且依据温度大小进行区别分析，就可以得到更为丰富的图像（图 4-3）。

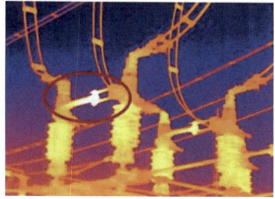

图 4-3　红外热成像仪的成像图

红外热成像设备的功能模块的架构与普通可见光数码摄像机的较为类似，这两者最主要的区别之处在于，红外热成像设备采用了特殊的红外镜头，将红外信号从其他可见光、微光等信号中过滤出来，经过光电信号转换、放大和图像软件的解码之后，就可以在液晶显示器上清晰地显示出目标体周围的红外影像。

目前在民用无人机领域，红外热成像设备的使用主要集中在工业级无人机方面，而且多数采用与普通可见光摄像头组合方式进行配置，也有将两者集成到一套镜头系统中的（图 4-4），这样可以在获取普通影像的同时也能够获得用来对比的红外热成像影像，具有比较高的应用价值。

### (3)全景影像设备

VR360°全景影像设备是 2016 年开始流行的。截至目前,国外一些消费级无人机率先进行了设备搭载试验,并取得不错的影像效果。VR360°全景影像设备本身并不复杂,很多都是在一个平面内的圆周方向上采用多台普通可见光的摄影设备组合而成,从而构成一个能够360°全方位同时拍摄画面的设备(图 4-5)。但是由于镜头角度的问题,各个相邻相机之间会有一部分画面是重合的,因此,在拍摄完成之后,对全部相机拍摄的素材需要进行细致的后处理,以便将每帧的画面修复成为一个完整的 360°画面,从而实现流畅的播放效果。观看者可以使用专用的 VR 眼镜进行观看,从而具有"身临其境"般的体验感受。

图 4-4　红外热成像设备

图 4-5　全景影像设备

### (4)倾斜摄影设备

在目前民用无人机航测领域中除了普通的光学摄影技术之外,还使用倾斜式航测设备。这种航测设备本身就是普通的光学相机,只不过采用倾斜式的工作方式,对地面目标进行多角度、全方位的光学摄影,其关键在于与之配套的后处理软件算法。该算法需要利用这些倾斜拍摄的素材对目标体的表面几何信息进行计算并加以还原，从而取得目标体的几何尺寸。不过这种技术还原得到的测量精度与拍摄距离、能见度、天气等有关，大体上是距离越近，精度越高，反之则越差。因此，采用这种方式对地面进行航测，往往需要近距离飞行，为了确保飞行轨迹的稳定性，通常需要采用自动航迹规划方式进行飞行。

在目前的民用无人机平台中，采用这种倾斜航测设备主要以尺寸较大的工业级多旋翼无人机为主。图 4-6 所示为其配载的倾斜航测设备，采用了 4 个倾斜式摄像头，构成了 360°范围的全向航测能力，并且单独配置了一台垂直方向的摄像头，从而能够配合倾斜摄像头为图像处理算法提供更好的成像素材。

图 4-6　倾斜航测设备

### (5) 无人机云台

与地面普通人使用相机拍摄不一样的是，无人机的机载相机往往处于气流振动、发动机振动等较为复杂的工作环境。因此，为了更好地发挥机载相机性能，一般都要配置与之配套的云台支架（图 4-7）。这种支架一般安置在多旋翼无人机中央机身的下方位置，通过螺钉与机体紧固，并提供减振功能。此外还配置了伺服电机，从而能够为机载相机提供水平方向和垂直方向的自由运动，不过有部分产品只提供了垂直方向的调节功能。

云台性能指标主要有角度抖动量、转动范围和最大转速等。

① 角度抖动量指的是云台稳定性，以°为单位，其数值越低就表明该云台稳定性越好，如大疆禅思 X5S 云台的角度抖动量为±0.01°。

图 4-7　机载云台

② 转动范围指的是云台在某个平面的活动范围,如垂直方向的俯仰角度、水平方向的平移角度。俯仰角度大多可以达到 90°,水平角度一般在 360°范围以内。

③ 最大转速指的是云台旋转角度的速度,其数值绝大多数都是 90°/s。

 任务实施

### 4.1.2 多旋翼无人机云台减振支架的安装

多旋翼无人机云台减振支架安装的操作步骤及说明见表 4-1。

表 4-1 多旋翼无人机云台减振支架安装的操作步骤及说明

| 操作步骤 | 操作说明 | 示意图 |
| --- | --- | --- |
| 1 | 将减振球固定板安装至挂载端的减振支架上(安装固定减振球的固定板时要保持水平安装) | 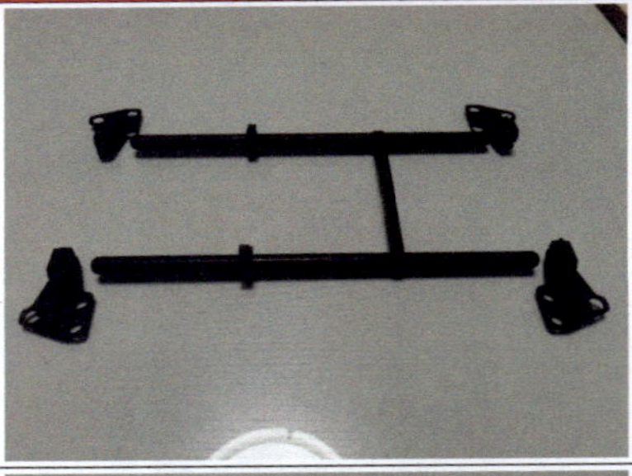 |
| 2 | 将减振球安装至挂载端的减振球固定板上 | 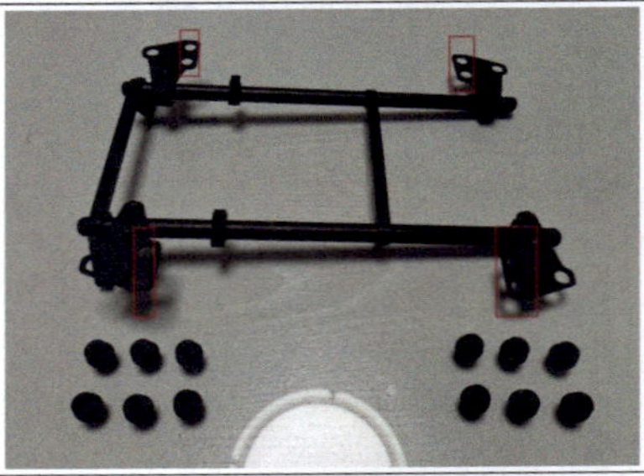 |
| 3 | 将机载固定端的减振球固定板安装至机身预留位置 | 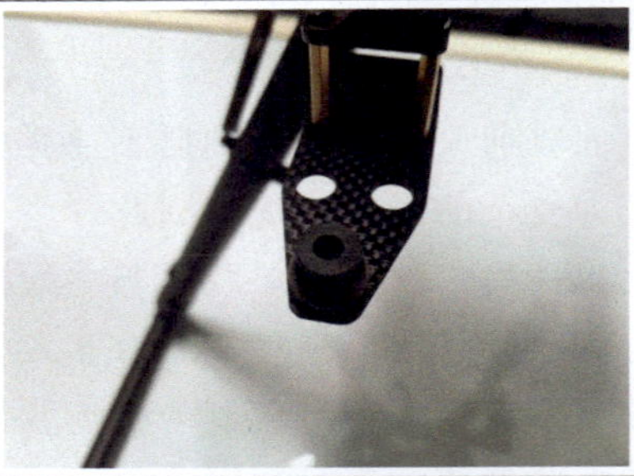 |
| 4 | 将机载固定端的减振球固定板与挂载端的减振球固定板用减振球进行连接 | 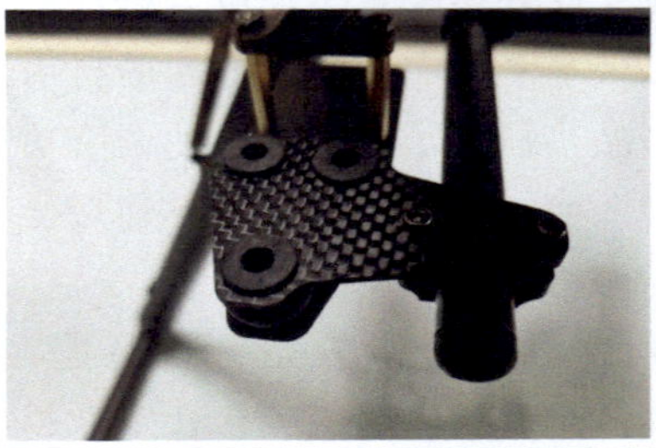 |

续表

| 操作步骤 | 操作说明 | 示意图 |
|---|---|---|
| 5 | 将减振球上下固定板用锁扣锁上,并保证不会脱落 | 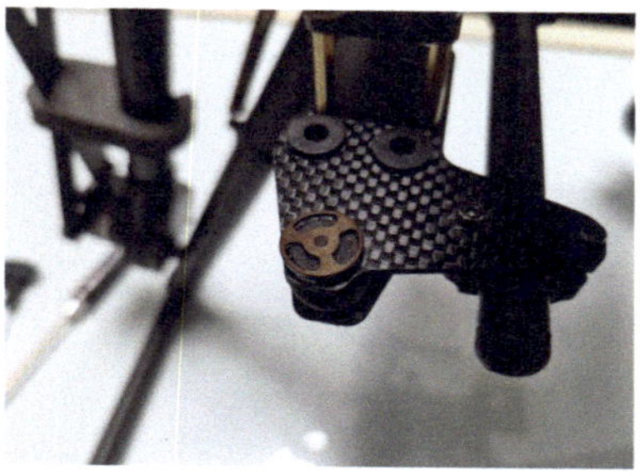 |

**任务测评**

1. 简述无人机红外载荷的特点和使用环境。
2. 简述云台减振支架的安装方法。

*任务反馈*

## 任务 4.2  农药载荷的使用

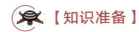【知识准备】

### 4.2.1  农药载荷

在农业领域早在 20 世纪 50 年代就在有人飞机上配置了专门的液体喷洒设备，结合低空飞行，可以为农业生产提供大面积高效的农药、化肥、种子等空中喷洒作业（图 4-8）。不过当时这种航空作业主要使用一些低速活塞式飞机，比如中国国产的运-5，主要对集中分布超大面积的农场进行航空作业，而对于面积较小、分布略为分散的农田就不适合。因此，有人机的这种作业方式并没能够在国内各个省份全面普及。

图 4-8  有人机喷射农药

在无人机大面积普及之后，一切都发生了本质性变化。在多旋翼工业级无人机产品中，通过配置液体喷洒设备之后，就可以发挥出工业级无人机轻便灵活、采购成本和使用维护成本都较为低廉的优势。针对小型农场，甚至个人农田进行空中喷洒作业，成为当前我国农业生产高效性方面的一大特色。

喷洒设备组成结构较为简单，主要由药箱、电子压力泵、喷头、喷杆等部件构成。药箱多采用塑料注塑成型，根据农作物的具体病虫害防护技术要求向药箱注入经过稀释调配后的农药、化肥等，根据装药量可以分成 10L、20L、30L、40L 等规格。电子压力泵（图 4-9）主要负责对药箱中的药液进行抽取，对其进行加压并输往喷头，其主要参数包括最大压力和最大流量。这种电子压力泵一般要与飞控连接，从而实现自动控制或者人工遥控。喷头是药液的喷洒出口，经过加压后的药液在这里以一定角度（大多数为 90°～120°）扇形锥面向地面喷洒（图 4-10），其主要参数包括喷头直径、压力和流量。

喷头的安装位置对于药液喷洒效果影响比较大。对于采用多旋翼无人机为载体的平台而言，上方的多旋翼旋转时产生的气流对药液喷洒情况会有比较大的干扰，如果不做细致化技术处理就会导致药液喷洒不均匀，影响农业生产效果。因此，目前市场上现有的喷头设置主要有两种方式：第一种直接设置在多旋翼电机的正下方，如大疆的农业植保机，以这种方式

图 4-9　压力泵　　　　　　　　　　　　图 4-10　喷头

作业时,螺旋桨所产生的螺旋形滑流反而对药液雾化起到一定的螺旋形扩散作用(图 4-11);第二种采用额外配置的喷杆,延伸出旋翼外侧,这种喷杆通常用碳纤维管加工,喷杆上设置若干个喷头,通过塑料软管连通压力泵和喷头形成喷洒功能(图 4-12)。不过尽管这样进行处理,但是在实际过程中,药液喷洒不均匀依然是无人机植保作业时比较令人头痛的一个问题,一旦遇到轻微侧风,就会影响药液喷洒效果。

图 4-11　植保无人机　　　　　　　　　图 4-12　配置喷杆的植保无人机

由于药液自身比较重,为了提高喷洒作业时飞行稳定性,喷洒设备所使用的多旋翼无人机平台一般以直径比较大的六旋翼和八旋翼为主,并且配置的都是 12000~22000mAh 的大容量电池。即使这样,目前单机植保作业的时间都比较短,多数为 10~15min。因此,在大面积集中作业时往往需要配置相当多的电池。

由于植保飞行作业持续时间较长,为了降低无人机操作人员的工作强度,避免疲劳导致的飞行事故,很多植保无人机都配置了比较高端的航迹规划功能。一些高端专业产品还配置了中断记忆功能,如果遇到药液用完或者电量耗尽等需要中断飞行情况,在补充药液和电池之后,可以自动飞向原中断点继续执行后续的飞行轨迹。从这一点可以看出,经过若干年的发展,植保无人机的功能已经比较成熟了。

除了采用多旋翼无人机之外,植保喷洒设备也会搭载在无人直升机上(图 4-13)。不过相比于多旋翼无人机,无人直升机的操作就显得较为复杂。

图 4-13 配备喷杆的植保无人直升机

 **任务实施**

### 4.2.2 植保无人机喷洒系统管路的连接

植保无人机喷洒系统管路连接的操作步骤及说明见表 4-2。

喷洒管路连接

表 4-2 植保无人机喷洒系统管路连接的操作步骤及说明

| 操作步骤 | 操作说明 | 示意图 |
|---|---|---|
| 1 | 将 $\phi$6mm 水管与 $\phi$12mm 直角快插口进行连接 | |
| 2 | 将药箱 $\phi$6mm 水管与水泵 $\phi$6mm 水管和喷头 $\phi$6mm 水管连接,并用管夹进行卡紧防止水管脱落 | |
| 3 | 将药箱 $\phi$6mm 水管与水泵进行连接,并用管夹进行卡紧,防止水管脱落 | |

续表

| 操作步骤 | 操作说明 | 示意图 |
|---|---|---|
| 4 | 将水泵 $\phi$6mm 水管与 $\phi$6mm 快插口进行连接 | 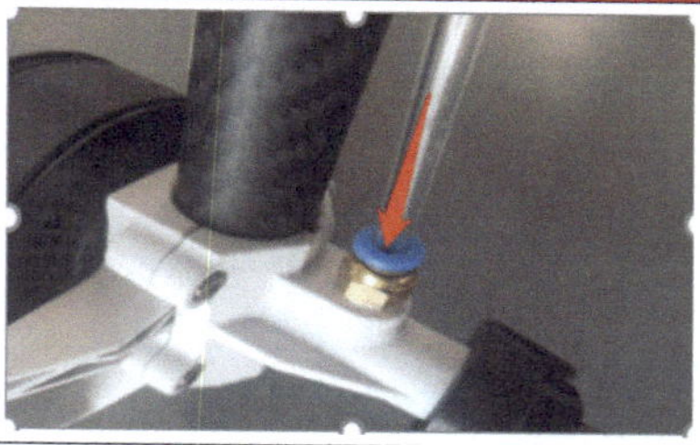 |
| 5 | 将喷头通过电机座旋转进行连接,检查喷嘴是否松动 | 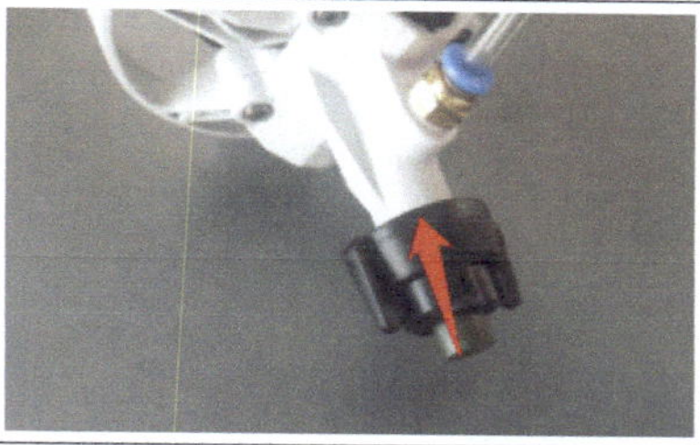 |
| 6 | 至此,植保无人机喷洒系统管路连接完成 | 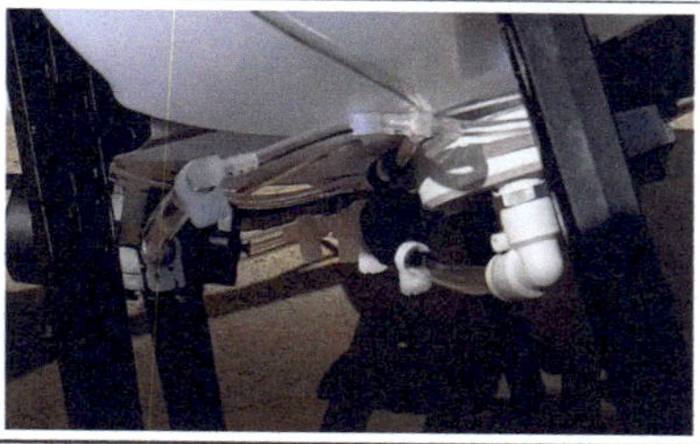 |

### 4.2.3 植保无人机喷洒滤网的清理

植保无人机喷洒滤网清理的操作步骤及说明见表 4-3。

表 4-3 植保无人机喷洒滤网清理的操作步骤及说明

| 操作步骤 | 操作说明 | 示意图 |
|---|---|---|
| 1 | 戴好橡胶手套,将药液加注口拧开,取出有杂质的滤网 | 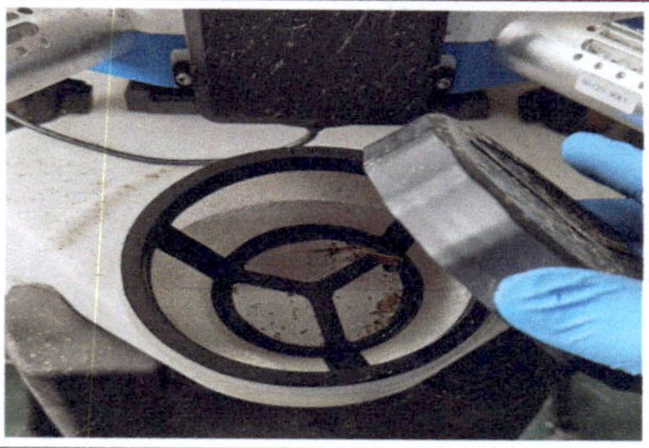 |
| 2 | 将喷洒端喷头拧开并取下红色滤网 |  |

续表

| 操作步骤 | 操作说明 | 示意图 |
|---|---|---|
| 3 | 将滤网放入清水中,使用软毛刷刷洗滤布及滤网死角 | 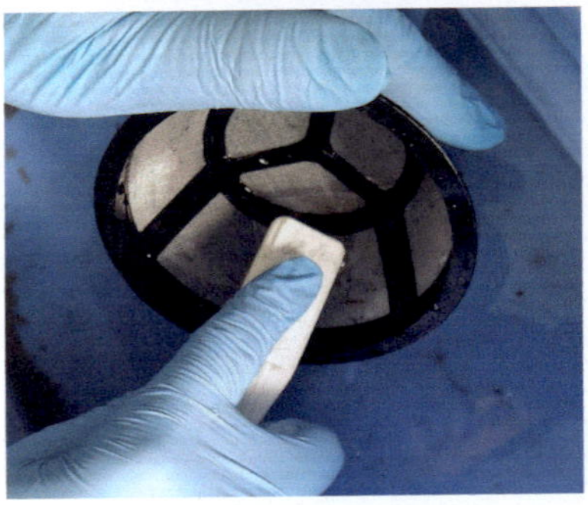 |
| 4 | 将刷洗后的滤网用清水冲净再使用气枪吹干并吹掉细小杂质 | 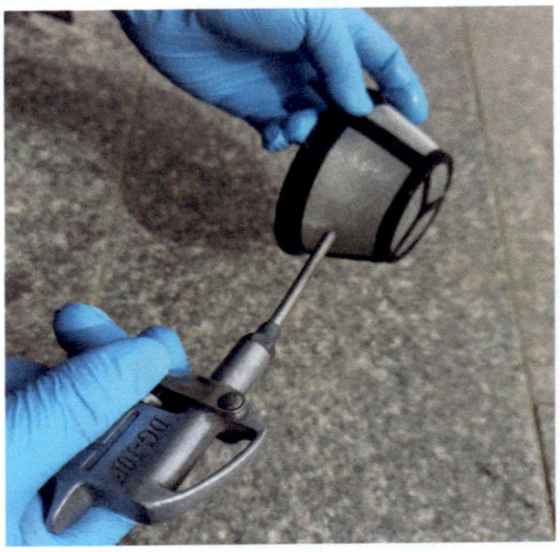 |
| 5 | 将喷头滤网塞入喷头后再将绿色喷嘴拧紧 | 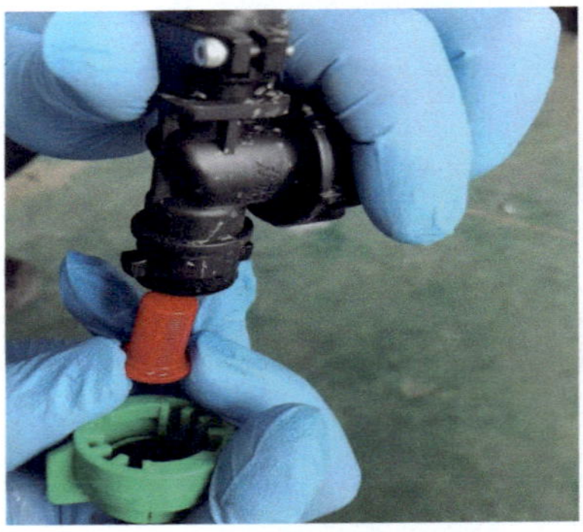 |
| 6 | 将药液加注口滤网放入药箱并拧紧盖子 | 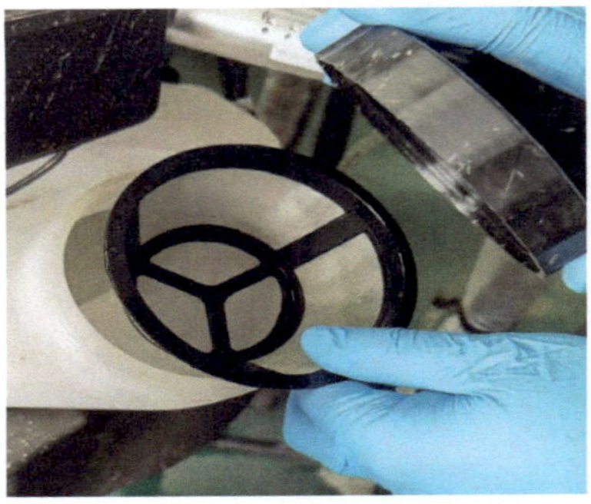 |

## 4.2.4 植保无人机气阻问题的解决

解决植保无人机气阻问题的操作步骤及说明见表 4-4。

表 4-4 解决植保无人机气阻问题的操作步骤及说明

| 操作步骤 | 操作说明 | 示意图 |
| --- | --- | --- |
| 1 | 检查药管(将药液注入后从水泵沿软管检查至喷头是否有气泡存在) | 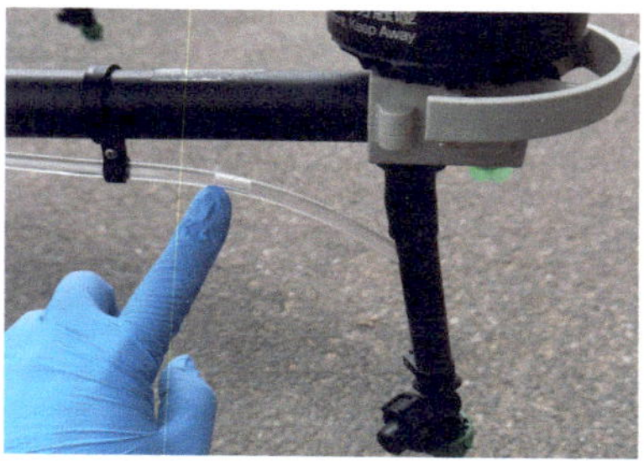 |
| 2 | 排空处理(将喷头上方排气阀逆时针旋转打开,将遥控器喷洒开关打开,此时空气会随药液从排气阀流出直至软管无空气,关掉遥控器喷洒开关) |  |
| 3 | 关掉排气阀(将排气阀顺时针拧紧即可) |  |
| 4 | 检查药管内是否无空气,排气阀有无漏液情况,最后进行喷洒测试即可 | 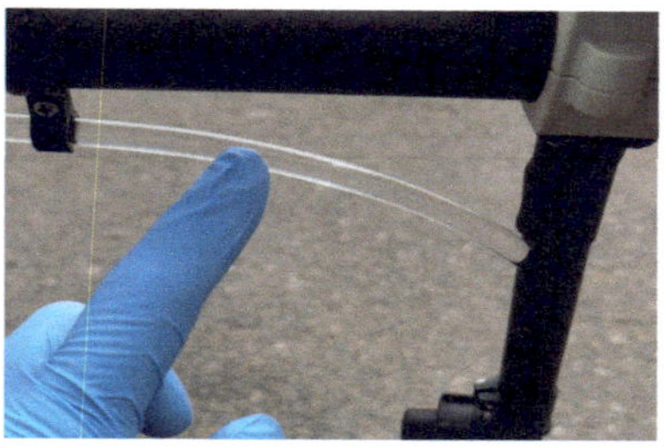 |

**任务测评**

1. 简述植保无人机喷洒设备的组成。

2. 简述植保无人机喷洒滤网的清理方法。

*任务反馈*

## 参 考 文 献

[1] 符长青,曹兵. 多旋翼无人机应用基础［M］. 北京:清华大学出版社,2017.
[2] 孙毅. 无人机系统基础教程［M］. 西安:西北工业大学出版社,2020.
[3] 于坤林,陈文贵. 无人机结构与系统［M］. 西安:西北工业大学出版社,2020.
[4] 孙毅,王英勋. 无人机驾驶员航空知识手册［M］. 北京:中国民航出版社,2014.
[5] 鲁储生. 无人机组装与调试［M］. 北京:清华大学出版社,2018.
[6] 远洋航空教材编委会. 无人机飞行原理与气象环境［M］. 北京:北京航空航天大学出版社,2020.
[7] 顾诵芬. 飞机总体设计［M］. 北京:北京航空航天大学出版社,2002.
[8] 王志瑾,姚卫星. 飞机结构设计［M］. 北京:国防工业出版社,2007.
[9] 杨华宝. 飞机原理与构造［M］. 西安:西北工业大学出版社,2016.
[10] 贾恒旦. 无人机技术概论［M］. 北京:机械工业出版社,2018.
[11] 贾玉红. 航空航天概论［M］. 3版. 北京:北京航空航天大学出版社,2013.
[12] 徐华舫. 空气动力学基础［M］. 北京:国防工业出版社,1979.
[13] 陆元杰,李晶. 多旋翼无人机的设计与制作［M］. 北京:电子工业出版社,2020.
[14] 彭程,白越. 多旋翼无人机系统与应用［M］. 北京:化学工业出版社,2020.
[15] 于坤林. 无人机维修技术［M］. 北京:航空工业出版社,2020.